# Body Metaphor

## Ubiquitors technology and environment

바디 메타포_유비쿼터스 기술과 환경

김 억 · 박희령 · 이지현 공저

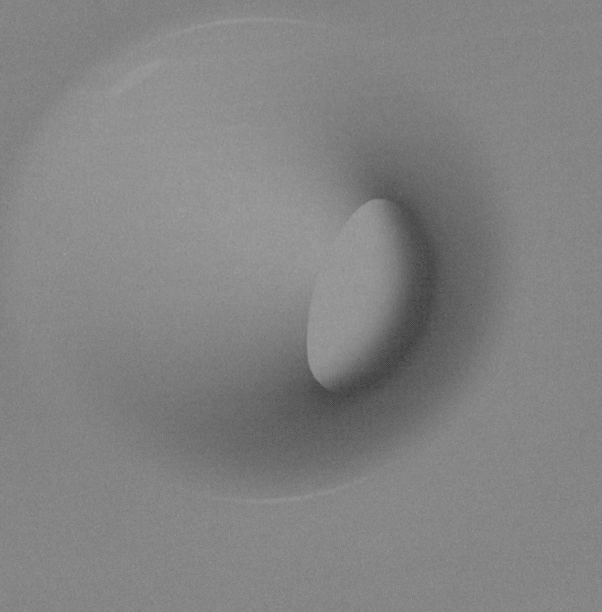

Spacetime

바디 메타포_유비쿼터스 기술과 환경

Body Metaphor_Ubiquitors technology and environment

:: 2008년 7월 21일 1쇄 발행

:: 김 억 · 박희령 · 이지현 공저

:: 발행인 | 김기현

:: 발행처 **Spacetime** · 시공문화사

:: 등록 | 1993.3.12 제 1-1493

:: 표지 · 편집디자인 | 제이드 이순학

:: 인쇄 | 예림인쇄사

:: 제본 | 문종문화사

:: 용지 | (주) 대림지업사

:: 120-796 서울시 서대문구 현저동 200 극동빌딩 5층

:: 전화 02-3147-1212 · 2323 | 팩스 02-3147-2626

:: spacetime@korea.com | www.spacetime.co.kr

:: ISBN 89-5592-104-7



정가 15,000원

## 책을 내며

'21세기는 감성을 파는 디자인의 시대' 라는 말처럼 디자인 설계는 사회적 관심사이고 다양한 분야의 전문가들이 보다 적극적으로 디자인 혁신 정책과 전략을 수립하여 디자인의 중요성을 강조하고 있다. 이러한 디자인 혁신은 고유의 아이덴티티를 창출하고 넓게는 도시 경쟁력을 제고할 강력한 힘을 지니고 있다. 그러나 아직까지는 디자인의 본질적인 면 보다는 보여지는 외형적 표상에만 초점이 맞춰져 있어, 같은 물체를 시각적으로 다른 각도에서 투사함으로써 사고의 혼돈을 일으키는 비과학적 논리의 영역으로 인식되는 경향이 있다.

디자인 설계의 본질은 우리 외부에 존재하기보다 내면을 반영하는 것이다.
우리 내부 정신세계에 관한 연구는 과학적인 토대를 마련한 18C 이후의 심리학, 정신 분석학, 인지과학, 뇌신경과학 등으로 발전하여 현재에는 마음의 과학으로 진화하고 있다. 디자인 설계는 마음이 소통해야 감동을 일으키고 공감을 형성할 수 있다. 설계의 모티브는 다양해도 감동을 일으키는 감성은 보편적이다. 감성은 "마음의 과학"을 통해 객관화시킬 수 있으며 이는 우리의 삶을 이해하는 것과도 같다. 그러므로 보편적 감성을 토대로 디자인을 이해하고 접근하는 방법은 몸으로의 경험과 자아의식으로 획득되는 것임 강조하며 이 책 'Body Metaphor' 를 통해 전하고 싶다.

이번 책이 가능하도록 정신적인 영감을 준 홍익대학교 건축학과 학생들과 아낌없는 지원을 준 사랑하는 가족, 교우들, 그리고 연구실 제자들에게 감사의 마음을 전한다.

2008년 6월

홍익대학교 건축대학 학장 **김 억**

# C · O · N · T · E · N · T · S

목 차

머리말 ······ 3

## PROLOGUE

다양성 다원화의 사회 (Modernity) ······ 8
자아정체성의 중요성 (Self-identity) ······ 12
메타포와 경험 (Metaphor & experience) ······ 17
예술, 과학, 공학 (Art, science, engineering) ······ 21

## PART-1 _ OBSERVATION

환경에 반응하는 몸 (Body_environment) ······ 26
A. 자연철학적 사유 (Physis & naturalism) ······ 28
B. 유기체로써의 몸 (Ecological body) ······ 30

마음과 몸의 상호성 (Body_mind) ······ 35
A. 동기부여의 시작 (Motivation & anxiety) ······ 38
B. 경험에 따른 기억 (Memory & expectation) ······ 42
C. 생태적 의도 (Meaning & intention) ······ 45
D. 감성과 감정 (Emotion & feeling) ······ 50

감각체로써의 몸 (Body_sensation) ······ 55
A. 감각기관 (Sensation) ······ 56
B. 시각중심에서 촉각으로 (Visual centric & tactile) ······ 58
C. 공감각 (Synesthesia) ······ 62
D. 운동감각 (Kinesthesia) ······ 66

체험되어지는 몸 (Embodiment_lived body) ······ 69

## PART-2 _ INTERPRETATION

현상을 이해하기 위한 도구 (Why metaphor?) ······ 74
감각적 수용과 자극 (Sensory input & stimulation) ······ 76
메타포와 맵핑 (Metaphor & mapping) ······ 80
의식과 무의식 (Conscious & unconscious) ······ 84
이미지와 상상력 (Image & imagination) ······ 87

스키마와 스키마타 (Schema & schemata) ······ 93
의미의 구조화 (Construction of meaning) ······ 97
공감 (Sympathy) ······ 101
감정이입 (Empathy) ······ 105
창의성을 유발하는 모호함 (Ambiguity & creativity) ······ 110

## PART-3 _ REFLECTION

다층적 의미 (Multi-layered meaning) ······ 118
A. 기하학적 이성주의 (geometric_rationalistic) ······ 120
B. 유기체적 자연주의 (natural_organic) ······ 123
C. 상상적 맥락주의 (imaginary_contextual) ······ 129
D. 현상학적 감각주의 (sensational_phenomenological) ······ 138

균형 (Balance) ······ 146
A. 수직성 (verticality) ······ 147
B. 리듬 (rhythm) ······ 153
C. 멜로디 (melody) ······ 156
D. 움직임 (movement) ······ 161
E. 투명성 (transparency) ······ 166
F. 환영 (illusion) ······ 171
G. 대조 (contrast) ······ 174
H. 모호성 (ambiguity) ······ 179

## PART-4 _ APPLICATION

새로운 패러다임_유비쿼터스 (Ubiquitous_new paradigm) ······ 186
살아있는 공간 (Ubiquitous_smart space) ······ 190
소통하는 공간 (Communication_interactive space) ······ 196
형태의 자유 (No formation) ······ 207
다층적 구조 (Multi-dimension) ······ 218
표현의 확장 (Motion diagram) ······ 228
몸으로 체득하는 경험 (Bodyscape) ······ 242

참고문헌 ······ 258

# Body Metaphor

유비쿼터스 기술과 환경

# P R O L O G U E

Modernity

Self-identity

Metaphor & experience

Art, science, engineering

# Modernity

다양성, 다원화의 사회

17-18세기에 이르러 근대인들은 자신이 살고 있는 시대가 이전과는 다르다는 분명한 자각을 드러냈는데, 근대인 자신을 고전적인 스타일, 즉 영원한 아름다움의 관념이나 아우구스티누스의 시대에 대한 존경을 거부하는 사람으로 인식했으며 과학의 발흥이 근대성과 밀접한 관련이 있다고 생각했다. 시대로서의 근대성을 지칭하는 계몽의 시대, 근대성의 시기는 인지적인 것(지식) · 미학적인 것(예술) · 도덕적인 것(도덕성) 등의 문화적 차원들이 종교로부터 파생되어 서로 분리되었다. 기존의 질서에서 벗어난 자율적 발전의 논리는 인식구조와 도덕적 자각 속에서 새로운 지평에 대한 의식을 대변한다.

사회학자 앤소니 기든스(Anthony Giddens)는 현대(modernity)를 '대략 17세기 이후 유럽에서 나타나기 시작해 그 후 어느 정도 전 세계에 영향을 미치기 시작한 사회적 삶이나 조직의 양식'의 등장이라고 정의하였다. 그는 후기 현대의 삶에서 자아 정체성의 문제가 특히 핵심적인 문제로 떠오른다고 하였고 이는 후기 현대의 자아가 수많은 선택에 열려 있다는 사실 때문이라고 말한다. 또한 다양한 선택에 열려 있다는 것은 우리에게 복수의 자아 정체성이 열려있다는 것을 뜻하기도 한다.[1)]

현대사회의 가장 큰 특성은 **'시간-공간의 거리화'** 이다. 어떤 상징적 형식을 그것이 제작된 상황으로부터 분리시켜 공간 및 시간적으로 멀리 떨어져 있는 새로운 상황에 그곳을 다시 포함시키는 미디어의 능력을 말한다. 전통사회는 가계 중심의 사회로 평생 한 지역에 머물며 가까이 살고 있는 사람들 간의 직접적인 상호작용에 기초하고 있다. 현대사회는 시간과 공간을 넘어 더욱 더 멀리 걸쳐있다. 시간의 장벽은 관습과 전통의 확산에 의해 파괴되었다. 정보는 저장되어 나중에 다시 사용되거나 다음 세대로 전승된다. 공간의 장벽은 커뮤니케이션 및 운송 도달 범위의 확장에 의해 파괴되었다.

기든스가 '후기(late) 혹은 고도(high) 현대화' 라고 부르는 가장 최근의 현대화의 단계에서는 시간-공간 거리화 과정이 더욱더 빨라지고 있다. 그러나 그러한 확장의 과정은 그 것을 관리하고 통제하는 수많은 시스템[2]을 만들어냈다. 점점 복잡해지는 사회를 조절(control)하려면 서로 간의 신뢰가 절대 필요하다. 신뢰가 없어지면 위험(risk)이 동반된다. 불확실성과 다수의 선택이라는 상황에서 신뢰와 위험이라는 개념들은 특별한 적응력을 가지고 있다. 신뢰는 현대의 두 번째 특성인 일련의 장소귀속 탈피기제(disembedding mechanisms)와 밀접한 연관성이 있다. 장소귀속 탈피 과정은 사람들을 전통적인 관계와 환경으로부터 빠져 나오게 하며 물리적 활동의 한계에 우리가 추상(abstract)할 수 있도록 도와주는 수단이다. 신뢰는 일상의 현실에 부닥치는 자아를 보호해 주고 확장시키는 기초적인 '보호고치' (protective cocoon)인 것이다.

1) Anthony Giddens, 「Modernity and Self-identity: Self and Society in the Late Modern Age」, Stanford University Press, 1991.
2) 탈피기제의 유형: '상징적 증표(symbolic token)' '전문가 체계(expert system)'-추상적 체계(abstract system)

현대성의 극한적 **'역동성'**은 현대 시기를 다른 모든 시기와 구분 짓는 가장 명확한 특성 중의 하나이다. 현대에 이르면서 이러한 삶의 다양한 국면이 시간적으로나 공간적으로 완전히 분리되면서 다원화된다. 노동의 시간 및 공간은 여가의 시간 및 공간과 완전히 분리가 되며 노동과 여가 그 자체도 고도로 다원화된다.

과거에는 질병의 원인이 콜레라, 홍역 같은 소수의 바이러스였지만 인간의 영역이 넓어지면서 새로운 것들과 복합적으로 접촉하며 신종바이러스들이 생겨나게 되었다. 이를 해결하기 위하여 병원이라는 시스템이 생겨났으며, 이웃끼리 주고받던 물물교환은 물건의 가치 판단 기준이 되는 화폐라는 시스템을 만들게 되었고 예금을 받아 경제적 활동을 창출하는 은행이 생기게 되었다.

이러한 시스템은 하나의 보편타당한 것으로서 돈은 가치기준, 병원은 치료를 해준다는 약속을 함으로써 서로의 신뢰를 기반으로 유지된다. 하지만 이러한 시스템이 시간이 갈수록 감당하지 못할 정도로 복잡해지면서 그것이 정말로 믿을만한 것인가 생각할 겨를도 없이 단순하게 시스템 자체를 진리로써 받아들이는 경우가 생기게 되었다. 이러한 현상은 자신의 진정한 의미를 잊은 채 맹목적으로 돈을 많이 벌기 위해서나 좋은 직장을 갖기 위해서 살고 있는 현대인의 모습을 드러낸다.

인간은 누구나 "나는 무엇인가?" "무엇하는 인간인가?"라는 물음을 던지게 된다. 그래서 대부분의 사람들은 자신의 진리를 찾기 위하여 학문을 배우고 직업을 가지며 결혼을 한다. 하지만 스스로 가지고 있는 진리가 이 사회 속에서 자신도 모르게 믿게 된 시스템인지, 아니면 진정 자신을 위한 진리인지를 묻는다면 바로 대답하기는 어려울 것이다. 그래서 내면의 진리를 알기 위해, 무엇이 옳고 그른지를 통찰력 있게 판단하기 위해서 자아정체성이 필요한 것이다. 자아 정체성이 있어야 개인 고유의 라이프스타일이 정해지는 것이다.

현대 사회생활에서 라이프스타일이라는 개념은 특별한 의의를 가진다. 오늘날의 '개방성', 행위 맥락의 복수화, '권위'의 다양성 때문에 라이프스타일의 선택은 자아정체성과 일상 활동의 구성에서 점점 더 중요해졌다.

현대사회가 도래하고 현대의 복잡성이 깊어 가면서 인간의 라이프스타일이 변하고 있으며 이에 따라 자아정체성(self-identity)에 대한 생각이 깊어져야 하는 것이다.

# Self-identity

## 자아정체성의 중요성

정체성(identity)란 자기의 위상(좌표, 위치)이라고 할 수 있다. 이것은 생존하기 위한 영역 확장 욕구의 기본이 된다.

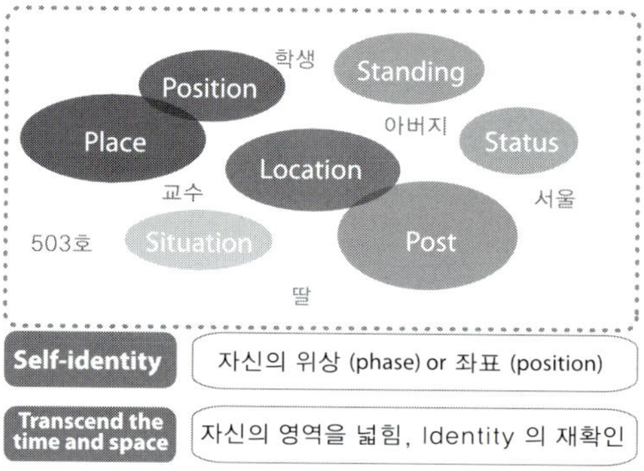


[그림_1] 자아정체성의 의미

과거에는 구성원으로써의 개인은 존재하지만 단일적 의미로써의 개인은 그 의미가 약했다. 가계, 성, 사회적 지위, 정체성과 관련된 다른 속성들이 비교적 고정되어 있었고 제도화된 과정에 지배되어 왔다. 또한 개인의 역할은 수동적이었다. 하지만 근대 이후의 현대사회는 인간 이성에 대한 믿음이 확산되며 개인의 역할이 능동적으로 변화하였다. 인간은 모든 감각을 이용하여 자아정체성을 찾으려 하며 그것이 인간을 진정으로 자유롭게 하리라는 희망으로 여겼다. 그러나 자본주의 체제가 거대해지고 거기서 파생되는 문제들은 그런 희망을 저버렸다. 우리가 생활하는 어느 곳도 자본가의 영향이 미치지 않은 곳이 없으며 그들이 제공하는 체제에 적응하며 그것이 우리의 정체성을 형성하게 된 것이다.

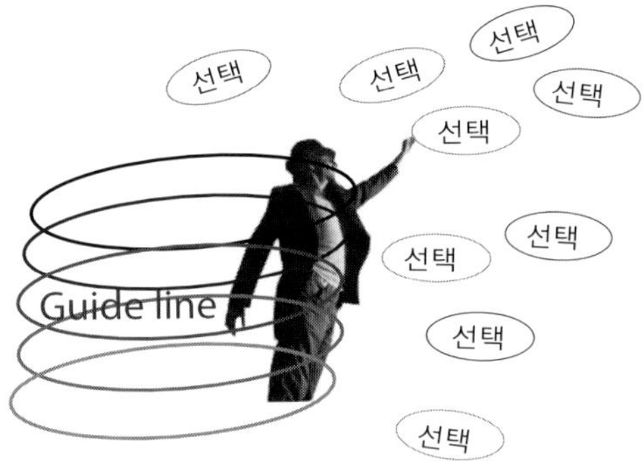

[그림_2] 무수한 선택에 열려 있는 후기 현대의 삶

인생은 선택의 연속이다. 어린 시절엔 할머니가 발라주시는 된장이면 모든 상처가 다 나을 줄 알았지만 현대사회에서는 아프면 병원에 갈지, 한의원에 갈지, 아니면 약국에서 약을 살지를 고민하게 되고 또 병원에 가면 자신의 증상에 맞는 전문의를 선택하느라 고민하게 된다. 이토록 복잡한 시스템은 무수한 선택의 갈래를 열어놓게  되었고 인간은 그 속에서 자신의 인생을 책임질 선택을 해야 된다. 즉, 자신의 인생은 자신이 컨트롤해야 하는 것이다.

우리의 삶 속에서 선택해야 할 것들이 너무나 많아지다 보니 올바른 선택을 하지 못하고 타의에 의해 휩쓸려 가는 경우가 있다. 자신이 판단하여 선택하기보다는 집단의 압력(group pressure)에 무비판적으로 따라가는 것을 말하는데 대표적인 예로 '붉은 악마(Red devil)' 를 들 수 있다. 2002년도 월드컵의 개최를 계기로 전 세계적으로 유명하게 된 붉은 악마는 기존의 매니아층을 벗어나 축구에 관심이 없던 사람들마저도 마치 축구를 어렸을 때부터 좋아했던 것처럼 축구열풍에 합류시켰다. 하지만 이들 중 어떤 이들은 축구의 경기 룰도 모르면서 '남들도 하기 때문에 나도 해야 한다.' 고 생각하는 경우도 있다.

또한 현대 사람들의 명품신드롬은 가히 집단최면의 수준에 이르렀다. 명품을 신분이나 계층을 나타내는 상징체계로 이해하며 너도 나도 단지 명품이라는 이유만으로 정체성 없이 명품을 좋아하는 사회현상 때문에 이른바 '짝퉁'이 범람하고 있는 실정이다. 이렇듯 명품신드롬은 집단의 소비 풍조를 대변하고 있다.

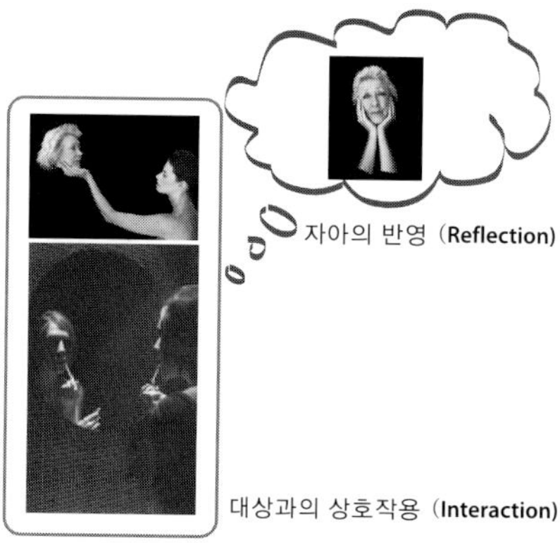

[그림_3] 자아와 타자와의 반영(Reflection)

현대사회에서 살아가는 사람들은 수많은 선택의 범위 속에서 올바른 선택을 하기 위해 자신이 직접 선택하며 살아가야 한다. 자신의 인생을 스스로 컨트롤하기 위해서는 자신의 좌표를 알아야 한다. 즉, 나의 현재 위치를 알고 진정한 '나'를 알아야 하는 것이다. 이는 다시 말해서 자아정체성(self-identity)을 형성하고 확장해야 한다는 것이다.

인간은 누구나 자아정체성을 확장하려는 본능을 가지고 있다. 왜냐하면 생존하기 위해서 진화하려는 본능을 가지고 있기 때문이다. 그래서 인간은 살아가면서, 성장하면서, 걸어가면서 언제나 자기 좌표를 확인해야 한다. 그러기 위해선 항상 자아와 반영(reflection) 해야 하는 것이다. 반영은 상대방을 통해서 이루어지며, 때문에 상대방과의 상호작용(interaction)이 중요하다. 다시 말해 자기 좌표를 알기 위해서는 기준이 되는 대상이 있어야 하고 서로의 상호작용을 통해 계속적으로 자신의 좌표를 확인할 수 있는 것이다.

그렇다면 대상과 어떻게 상호작용이 되는가? 가장 단순하면서도 명쾌한 예는 남녀가 서로 사귈 때 서로를 알아가기 위해 정신적, 신체적으로 상호작용 하는 것이다. 이는 인간의 상호작용이 곧 몸의 모든 감각을 통해서 이루어진다고 볼 수 있는 것이다.

인간은 자신의 정체성을 확인하고 확장하기 위해서 몸의 모든 감각을 통해 대상을 지각하고 그것을 기존의 기억과 상상력을 동원하여 새로운 의미로써 재창출하게 된다.

이러한 자아정체성을 찾는 과정은 이성적으로 찾는 것이 아니다. 자본론을 이야기한 철학자 칼 마르크스(Karl Heinrich Marx)는 그때의 시대를 읽고 앞으로의 시대를 예상한 천재였지만, 사람의 욕심(감성)을 간과했다. 칼 마르크스는 종교가 인간의 필요와 환상에 의해 창출된 것이라고 말하면서 지배 계급이 피지배 계급을 착취하는 수단이라 했다. 지상에서의 고통과 슬픔을 천상에서 보상이란 교리로 달래 종교라는 미신을 내세워 지배수단의 보조기능으로 사용했다는 것이다. 그러나 그는 점점 인간들이 똑똑해지고 이성적으로 판단할 수 있는 능력이 발달하고 있기 때문에 미래에는 종교가 미신이라는 것을 깨닫게 되고 종교가 없어질 것이라 했다. 하지만 현재는 어떠한가! 여전히 종교는 존재한다. 그것은 사람이 살아가면서 선택의 위험 속에 놓일 때마다 신(神)에게 기대기 때문이다. 갑자기 사회적 문제가 생기고 혼란스러울 때 사이비 종교가 많이 생기는 것 또한 그러한 이유에서라고 볼 수 있다. 칼 마르크스가 이야기한 이성적 판단은 결국 감성적 판단을 지배하지 못한 것이다. 결국 사람들은 자신의 정체성을 확인하고 확장하기 위해서 감성적 판단에 더 많은 부분 의지하고 있는 것이다.

그렇다면 인간이 감성을 통해서 자아정체성을 어떻게 확인하고 확장할 수 있을까? 그리고 어떠한 상호작용이 이루어져야 자아정체성을 확인하고 확장할 수 있을까?

우리는 어떤 예술작품에 대한 기초 지식이 없어도 그 작품을 접했을 때 직관적으로 비슷한 느낌을 받게 된다. 그것은 감성이 **'객관적'** 이라는 것을 말해준다. 다시 말해 인간이 대상을 지각하고 자아정체성을 확인하고 확장하는 과정이 객관적이라는 것이다.

# Metaphor & experience

메타포와 경험

기존의 정보 혁명이 시간과 공간의 제약 등을 극복하기 위하여 디지털화 된 물리 공간의 활동과 기능을 컴퓨터 속으로 집어넣었다면, 새로운 유비쿼터스 IT혁명은 전자 공간과 물리 공간을 유기적으로 통합하여 모든 사물에 지능을 이식함으로써 살아 숨 쉬는 역동적인 공간을 창출하고 있다.

유비쿼터스 환경(ubiquitous environment)은 건축이 다루어온 공간의 모습을 다른 방향으로 해석할 다양한 가능성을 가지고 있다. 지금까지는 인간의 공간 지각 방식인 '내재자가 바라보는 불투명한 공간'[3]과 기하학의 공간 사유구조인 '외재자가 바라보는 투명한 공간'이 서로 분리되어, 즉 인간의 공간지각과 기하학의 공간인식 사이의 불일치를 극복하지 못해 단지 정량화가 가능한 기하공간을 건축공간으로 사용하여 왔다. 이제 이것에서 벗어나 '다시점(multiview) 내재자가 바라보는 부드러운 공간'으로서의 유비쿼터스 공간 패러다임을 생각해 볼 필요가 있다.

공간과 인간의 관계에서 인간이 공간과 형태를 체험하고 경험하는 방식을 두 가지로 구분하여 살펴볼 수 있다. 첫 번째는 인간이 뇌의 의식과 무의식을 통하여

3) 물리적 현실공간의 직관적 이해와 공간의 수학적 해석 그리고 공간정보의 디지털적 처리가 가능한 유비쿼터스 공간의 성격을 감성구조로 축약하기 위해 은유적인 표현을 사용하였다. 현실 공간을 채우고 있는 입자들의 물리적 성격이나 기하공간의 비물질성 그리고 유비쿼터스 공간의 인식적 확장 등을 감성언어와 결합해 직관적으로 그 느낌을 전달하기 위한 표현이다.

사물을 지각하고 이러한 지각을 통해 공간을 인식하는 인지론적인 측면이고, 다른 한 가지는 신체, 즉 몸의 감각을 통하여 직접적인 반응으로 지각되는 유물론적인 측면이다.

건축 체험을 공간 안에서의 신체의 움직임(이동)과 그에 따른 이미지 형성의 시각으로 해석한 프랭클(P. Frankle)을 비롯하여 건축 디자인에서 인간의 시지각적 특성에 주목한 그로피우스(W. Gropius), 그리고 신체와 공간의 새로운 관계를 신체-상(body-image)으로 파악한 블루머와 무어(K.C.Bloomer & C.W. Moore) 등은 건축공간의 문제를 신체의 체험방식과 관련지어 새롭게 해석해 왔다.[4)]

모더니즘의 건축은 건축가의 의도에 따라 프로그램 된 공간을 보고 움직이는 수동적인 체계로 머물렀다면 현대의 몇몇 건축가에 의해 신체의 정신과 감성의 통합적 측면을 강조하고 시도되어지고 있는 지각적 공간 체험이야 말로 유비쿼터스 시대에 요구되는 감성적 공간을 위한 능동적 지각체계라고 할 수 있겠다.

유비쿼터스 시대는 인간과 공간 그리고 사물과의 서로 상호 관계가 유기적으로 관계하는 시대로 상호 접속하고 관계하는 것이 기술로만 대처될 수 있는 것이 아니라 기술이 전제가 되고 인간의 새로운 감각체계를 통해 감성적이고 상호반응적인 공간디자인이 요구되어지는 시대라고 할 수 있다. 여기서 새로운 감각체계라 함은 인간의 오감(시각, 청각, 후각, 미각, 촉각) 외에 다른 새로운 감각을 이야기하는 것이 아니라 그동안 사물을 인식하고 지각하는데 주로 강조되어 왔던 시지각외에도 다른 감각을 통하여 공간을 지각하는 체계가 필요하다는 것이다.

인간의 오감에는 시각, 청각, 촉각과 같은 '심리적인 감각기관' 과 미각, 후각

4) 길성호, 「현대 건축가의 신체 담론에 나타난 공간성 비교 연구」, 대한 건축학회 논문, 2004.

과 같은 '화학적 감각 기관'으로 나누어지는데, 이들은 오래 동안 제각기 독립된 감각으로 취급되어 왔다. 그러나 색, 빛, 소리, 맛, 향기 등이 감관을 자극할 때에 감관이 상호 연관되어 작용한다는 사실이 밝혀졌고, 그러한 현상을 공감각(synesthesia)이라고 부르게 되었다.[5)]

유비쿼터스 환경은 인간의 생존하기 위한 영역 확장의 욕구를 시간과 공간의 물리적 제약을 뛰어넘음으로써 해소시키고 자아정체성을 강화하는 기술적 도구로써 구축될 수 있기 때문에 중요하다. 최근 대두된 '인터랙션 디자인(interaction design)'은 인간의 감각이 서로 상관되어 상호작용을 한다는 점을 이용하여 디자인에 적용한다. 공간 디자인, 제품 디자인 등 여러 디자인 분야에서는 이러한 인간의 감성에 호소하는 디자인을 이미 실천하고 있으며 촉각적 공간에서는 필연적인 요

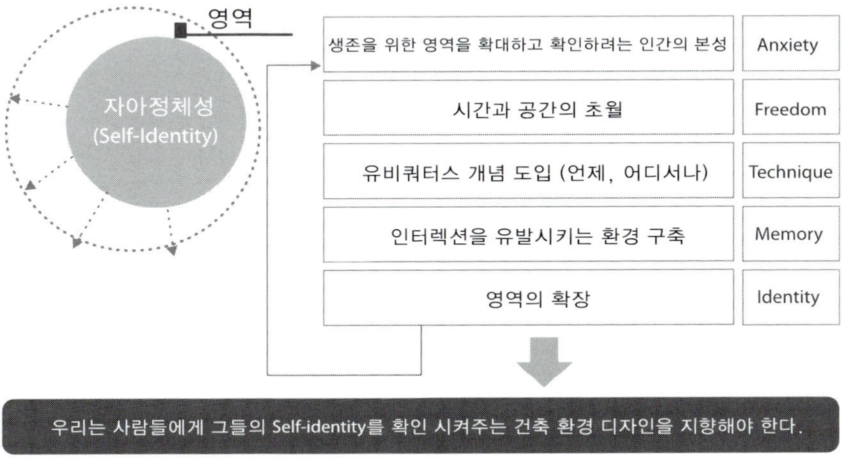


[그림_4] 유비쿼터스 환경을 통한 자아의 확장

5) 권영걸, 「공간 디자인 16강」, 국제, 2001.

소로 작용을 한다. 인터랙션 뿐 아니라 공간의 지능화, 공간의 유기체화, 그리고 감성 디자인은 유비쿼터스 시대에 필요한 공간 디자인의 방법으로 적용될 수 있다. 현대 사회의 대표적인 현상으로 디지털 미디어 테크놀로지를 통해 점점 현실화되고 있는 공간은 새로운 공간 개념으로 이해되어야 하며 모더니즘 이후에 거론되어져 왔던 건축 공간의 한계를 극복할 수 있을 것이다.[6)]

이 책에서 주로 언급할 메타포(metaphor)는 이러한 유비쿼터스 시대의 인간의 몸(body)과 감각(Sensation)의 관계를 재조명하여 사용자가 어떻게 공간과 대상을 감각하고 지각해서 새로운 의미를 부여하는지 알려준다. 메타포는 단순히 언어학적인 은유를 뜻하는 것이 아니라 우리가 감각을 통하여 대상을 지각하고 무의식적, 의식적 경험과 상상력을 통해서 새로운 의미로 다시 기억 속에 저장되는 과정을 뜻한다. 즉, 메타포는 기호와 의미 간의 연결, 혹은 기억 속의 것과 현재의 것 간의 연결과 같은 하나의 다리(bridge)이며, **'의미의 전이**(transference) **– 기억과 연결**(link) **– 새로운 의미 창조**(create)**'** 의 세 단계로 반복된다. 이러한 메타포야 말로 창의적인 사고를 가질 수 있는 기본 핵심인 것이며 우리가 메타포에 대해 이야기하고자 하는 이유이다.

6) 박희령, 「유기체론과 감각론 적용을 통한 유비쿼터스 공간 디자인 연구」, 홍대 박론, 2006.

# Art, science, engineering

예술, 과학, 공학

이 책의 구성은 크게 4단계로 이루어져 있다. 먼저 **관찰**(observation) 단계에서는 메타포를 하기 위한 기본적 요소-자연환경, 용기체로서의 몸, 몸(body)와 마음(mind)의 유기적인 관계, 기억, 감성과 감정, 감각요소 등-들에 대해 전반적으로 살펴본다. 관찰된 요소들은 두 번째 **해석**(interpretation) 단계에서 본격적으로 메타포가 일어나는 과정의 이해를 도우며, 메타포를 심도 있게 접근하고 공감(sympathy)과 감정이입(empathy)의 속성을 메타포과정으로써 쉽게 설명하고자 한다. 이러한 해석의 단계를 지나면 세 번째 단계에서는 건축디자인과 연결시켜 **반영**(reflection)할 수 있는지, 건축가와 작품을 사례로 실제로 우리가 어떻게 메타포 해야 하는지 그 다양한 해석(interpretation)을 살펴보고, 디자인 키워드들이 갖는 근본적인 속성을 이해할 것이다. 마지막으로 **적용**(application) 단계에서는 앞서 살펴본 메타포 과정이 창의적 삶의 원동력이 되기 위해, 물리적인 한계를 벗어나 시공간을 초월하는 신선하고 재미있는 아이디어들로 함께 생각해 보고자 한다.

이러한 4가지의 단계는 그 과정 자체를 메타포라고도 할 수 있으며, 우리가 현상을 이해하고 문화를 창조하는 과정이다.

조나 레러(Jonah Lehrer)는 '프루스트는 신경과학자였다(Proust Was a Neuroscientist).' 는 저서에서 예술가들이 관찰과 해석을 통해 인간 마음에 대한 진실을 발견하고 과학은 그것들을 이제야 재발견하고 있다고 했다.[7] 예술은 과학에 대한 관계를 고려하지 않고는 이해되지 않는다. 과학은 예술과 마찬가지로, 상상력의 작용과 더불어 시작되며 이러한 가설들이 사실로 받아들여지기까지는 수많은 실험(experiment; reflection)과 분석이 필요하다. 엔지니어링(engineering)은 가치가 있는 것만을 창출하여 적용한다. 이러한 'Art, Science, Engineering' 의 반복을 통해 문화가 발전하며, 이는 앞서 언급한 '관찰-해석-반영-적용' 의 과정과 같다고 할 수 있다.

이 책은 인간이 자아정체성(self-identity)을 확인하고 확장하기 위해서 어떠한 환경이 필요한지 그리고 어떠한 디자인이 필요한지에 대하여 이야기 하고자 한다.

이를 위해 몸과 마음의 관계를 재조명하여 사용자가 공간과 대상을 어떻게 감각하고 지각해서 대상을 메타포하고 의미를 부여하며, 환경과 유기적으로 반응하는지를 체험되어지는 몸(lived body)을 통해 살펴보려 한다. 또한 한때 포스트모던 시대에 풍미하였고 이미 한 시대를 지나간 유물로써만 인식되어지는 메타포 과정(metaphoric process)을 아직도 모던이 진행 중인 지금의 사회로 재번역해 봄으로써 또 다른 진화된 디자인 프로세스로써의 가능성을 타진하도록 한다.

7) Jonah Lehrer, 「Proust Was a Neuroscientist」, Houghton Mifflin, 2007.

# Body Metaphor

유비쿼터스 기술과 환경

# PART I. OBSERVATION

Body_environment

Physis-naturalism

Ecological body

Body_mind

Motivation & anxiety

Memory & expectation

Meaning & intention

Emotion & feeling

Body_sensation

Sensation

Visual centric & tactile

Synesthesia

Kinesthesia

Embodiment_lived body

# Body_environment

## 환경에 반응하는 몸

과거는 진부하고 모던은 늘 새롭다고 한다. 그러면서 늘 현대성에 대해 이야기 하곤 한다. 새로운 디자인, 세련되고 시대를 앞서가는 디자인을 보고 우리는 모던하다고 표현한다. 하지만 또 모순되게도 모던을 극복해야 한다고 한다. Post- , Late- , Super- , Neo- 등은 모두 모던에 붙여졌던 접두어이다. 하지만 어느 무엇도 현대성을 극복했던 강렬한 시대적 정신은 없었다. 현대성은 극복되어야 하는 그 무엇이 아니며 현재 드러나고 있는 현상들을 가장 새롭게 해석하고 받아들이는 것이다.

이를 위해 늘 그래왔듯이 이 시대에서 요구되어 지는 것이 무엇인지 어떠한 흐름들이 에피스테메(Episteme)[1)]로 우리에게 흡수되고 있는지를 어느 누구보다도 빠르게 해석해야 한다.

디자인을 하고 더 남보다 앞선 생각을 위해 우리는 몸과 마음, 환경, 감각 등과의 관계를 재조명하고 현대 사회에서 이루어지는 감각적인 환경 내에서 감성(emotion)과 감정(feeling)이 어떻게 자아에 영향을 미치는지를 알아야 하며 더 나아가

1) 과학적 지식, 직업적 · 전문적 지식, 지식 일반을 가리키며 철학용어로서는 실천적 지식(프로네시스)과 상대적 의미에서의 이론적 지식, 또는 감성에 바탕을 둔 억견(臆見:독사)과 상대되는 참의 지식을 말한다.

사용자의 라이프스타일까지 디자인 해 주어야 한다.

이 시대에 중요한 화두로 떠오르는 키워드는 자연주의, 웰빙 등과 함께 '라이프스타일' 이다. 라이프스타일이란 무엇일까? 사전적 의미로는 개인이나 가족의 가치관 때문에 나타나는 다양한 생활양식 · 행동양식 · 사고양식 등을 이른다고 하지만, 쉽게 말하면 '우리의 삶' 그 자체라고 할 수 있다. 그 나라의 사회적 시스템이나 종교사상도 기본 바탕이 될 수 있다.

서구에서는 지난 8,90년대를 상징하는 엘리트를 지칭하는 용어들이었던 여피족이나 보보스족이란 용어 대신 2,000년대에는 젊고 부자지만 평범하게 사는 이른바 욘(Yawn)족이 새로운 엘리트로 부상하고 있다고 한다. 욘족은 30, 40대에 수천만 달러 또는 수십억 달러의 부를 일군 사람들로 그들의 부를 요트나 제트기 등을 사는데 쓰기 보다는 대부분 자선사업에 쓰면서 가족과 함께 평범한 삶을 추구하는 성향을 보이고 있다. 대표적인 사람으로 마이크로소프트사의 빌 게이츠(William H. Gates)를 꼽는다. 이러한 현상은 현대 사회인은 점차 사회적인 명예와 부와 같은 눈에 보이는 것만을 따라 살기 보다는 자신들의 라이프스타일을 중요하게 생각하고, 자아의 정체성 확보와 보이지 않는 행복을 더 중요하게 추구하는 현대사회에서 드러난 대표적인 현상이라고 여겨진다.

친환경(nature-friendly), 웰빙(well-being), 생태(ecology), 그린 디자인(green design) 등 최근 자연으로 회귀하고자 하는 움직임이 활발하다. 철학사적인 측면에서 흐름을 살펴본다거나 건축사적인 측면에서 동향을 알아보더라도 현대사회는 복잡성과 우발성들이 뒤범벅되어 극명한 현상들이 사건으로 드러나는 시대이다. 디지털이 난무하고 유비쿼터스가 새로운 개념으로 모든 것에 포장되면서 사람들은 더욱 느린 것에, 아날로그에 눈을 돌리게 되고 인공적인 것보다 자연적인 것들에 더한 프리미엄들을 붙이고 가치들을 두고 있다. 이러한 현상은 자연스러운 것이고 인류가 진화해 오면서 계속 반복해 왔던 주기와도 같은 것이다.

시대적인 흐름을 읽어 볼 때 현대사회는 그 어떤 사회보다 자아 정체성(self-identity)과 몸, 감각에 대한 관심이 높아져 있는 시대이다. 때문에 감성이 중요하고 몸과 감각을 통해 받아들여지는 체험이 중요한 것은 당연한 일이다.

## A. 자연철학적 사유; Physis & naturalism

피타고라스는 자연에는 보이는 것 외에 보이지 않는 것 즉 비가시적인 것(invisible), 감각적이지 않은(insensible) 것도 있다고 강조하였고 현실과 실재의 관계라고 하였다. 비감각적인 존재들을 신들이라고 생각하며 퓌지스(physis)는 감각 이상의 것이고 신들도 자연의 일부라는 생각은 플라톤적-기독교적 자연관과는 상반된다.

퓌지스(physis; 자연 자체나 자연의 힘, 사물의 본성)란, 어디까지나 살아있는 것, 움직이는 것, 즉 단순히 공간을 채우고 있는 바탕이 아니라 살아 있고 운동하는 것, 더 나아가 신성하기까지 한 것을 뜻한다.

그리스 초기 자연 철학자들의 원기라는 의미의 퓌지스는 운동적이고 살아 있는 것이면서도 다른 한편으로 영원한 것, 불사의 것이었고 이는 플라톤이나 아리스토텔레스와 같은 이분법적인 자연관과 다른 점이다. 그러나 파르메니데스-플라톤적 사유는 근원적이고 신성했던 퓌지스가 이차적인 것, 저급한 것이라 하여 퓌지스 위에 형상(이데아)이 서게 되고 자연은 제작된 것, 디자인된 것이라고 이해하게 된다.

만들어진 자연에 대한 생각은 플라톤 이후부터 나왔으며 아리스토텔레스는 물질적 바탕은 물질(퓌지스)이 아니라 '질료'-질료형상설이며 어떤 존재(조물주)가 형상을 질료적 터전에 '구현'한다는 생각을 했고 형상이 존재하고 그 후 그것을 질료에 구현한다고 하였다.[2)]

플라톤은 신은 곧 조물주, 데미우르고스(Demiourgos)라는 표현을 사용하며 이는 장인(匠人)이라는 뜻이다. 질료(物)를 빚(造)은 주인공(主)인 조물주는 중세의 유일신인 창조주의 개념과 유사하다.

'자연(physis, natura, nature)' 개념, 즉 '문화'와 대조되는 그리고 인간 세계 바깥의 세계라는 뉘앙스의 자연 개념이 확립된다. 중세 기독교 사상은 플라톤의 제작적 우주관(플로티노스의 신플라톤주의 가미)을 받아들인 것이고 제작적 우주관인 유일신이 세계를 창조했다는 히브리즘과 맞아떨어진다. 즉 자연은 피조물이고 인간은 '만물의 영장'이라는 생각을 하게 된다.

중세에는 자연철학 위에 형이상학이 서게 되는 시기이다. 영혼과 육체를 나누고 육체는 저급하며 영혼은 인간을 신에게 이어주는 사다리 같은 역할을 한다고 믿게 된다.

근대 이후 테크놀로지의 세계상은 기독교적인 사상이 배경인 인간을 포함하는 궁극적 존재인 퓌지스가 이제 인간이 가공해서 실용적으로 써먹는 자원(資源)이 된 것이고 플라톤-기독교-자연과학적 자연관이 우리가 품고 있는 일반적인 자연관으로 나타난다. 이러한 자연에 대한 생각이 모더니즘, 기계주의 기능주의가 나타나게 되는 배경이라고 할 수 있다.

현대 사회의 자연주의적(Naturalism) 경향은 자연적, 물리적, 물질적인 것들에만 한정하고 현상을 이해한다. 특히 디자인에서의 자연주의는 자연적 요소 자체를 모방하는 것으로 이해되고 있다. 그러나 자연에 대한 인간의 인식은 초경험적, 형이상학적인 관점에서 인간의 생태를 이해하는 사고방식이 되어야 하며 인간의 본능적인 직관과 감성에 초점을 맞추어야 할 것이다. 인간 중심이며 감성을 중시하는

2) 형상들, 즉 시간 · 공간 · 물질을 갖춘 존재가 탄생하는 과정 em-bodi-ment

디자인의 흐름은 현대 사회의 매우 당연한 현상이며 거스를 수 없는 자연스러운 것임을 강조하고 싶다.

## B. 유기체로써의 몸; Ecological body

**'유기체로써의 몸**(Ecological body)**'** 이란 인간의 몸이 다른 존재(being)들과의 만남 안에서 서로의 영역을 확장하고 사회적인 관계를 만들어가는 것을 의미한다.

일단 환경이란 무엇인가? 독일어로 환경은 'Umwelt' 이다. 독일어에서 'Um' 은 '둘레', '둘러싼' 을 의미하며 인간의 삶과 장소, 인간을 둘러싼 주위세계를 말한다. 또한 자연은 강과 산, 숲과 대기, 동물과 식물 등을 총칭하지만 인간의 삶이 전개된다는 점에서 환경으로도 불려 질 수 있다.

하이데거가 "일상적 현존재의 가장 가까운 세계는 환경 세계다." 라고 단언했듯이 그는 이 환경 세계의 세계성을 탐구하고 그것을 위해 가장 가까이 만나는 환경 세계 내부의 존재자를 해석하려 하였다.

환경은 인간 입장에서 바라볼 때 공간 이상의 것이며 삶을 담는 그릇이기 때문에 오랜 시간을 거쳐 환경을 의미하는 자연에 대한 사유는 계속되어져 왔다.

'환경 세계' 라는 표현은 '둘레' 라는 말 속에 공간성에 대한 어떤 시사를 포함하고 있다. 그러나 환경 세계를 구성하는 '주위' 는 일차적으로 '공간적' 의미를 가지고 있지 않다. 환경 세계를 공간 성격이 속해 있다는 것은 논란의 여지가 없으나, 이 공간 성격은 오히려 세계성의 구조에 입각해서 비로소 해명되어야 한다.

이렇듯 환경은 공간 이상의 의미를 내포하고 있으며 그 안에서 인간은 생존하기 위해 산다. 여기서 말하는 생존(survival)의 의미는 단순히 의식주를 위한 것뿐만 아니라, 사회라는 영역에서의 생존의 의미까지 포괄하는 인간의 육체적, 정신적인 모든 부분을 일컫는다. 생존하기 위해서 우리는 자신의 영역을 확립해 가는 것이다. 이러한 측면에서 영역(territory)은 정체성(identity)과 동일하게 해석하고 있다.

인간과 동물의 큰 차이는 인간은 자신의 정체성을 찾고 강화시키려는 욕구가 강한 반면에, 동물은 단순히 본능에 의한 사유적 정체성(reflexive identity)을 갖는다는 것이다.

인간의 몸은 환경(environment) 안에 유기적인 관계를 맺으며 존재한다. 환경 내의 몸은 그 환경 안에서 또 다른 몸들과 만나게 된다. 이러한 사람들 간의 만남은 한 사람 몸의 경계가 다른 사람의 경계와 만나게 됨을 의미한다. 이는 사람의 영역 확장의 욕구, 자신의 정체성을 확인하고 확장시키려고 하는 것에 그 목적이 있는 것이다. 그래서 새로운 것을 보게 되면 그것을 해석하고 자기 안에 그것의 의미를 담으려고 하는 것이다. 그러한 행위 중에서 가장 많은 것을 담을 수 있는 것이 다른 몸을 만나는 것이다. 한 사람이 태어나서 만나기까지 쌓아온 관계 안의 많은 의미들은 서로 반영(reflection)됨으로 영역을 넓힐 수 있게 되는 것이다. 따라서 다른 사람들의 경계와 만남은 내 경계의 확장을 가져오게 된다. 또한 몸은 환경 안에서 다른 사람의 몸뿐만 아니라 자연과의 만남도 가지게 되고, 사회라는 울타리와의 만남도 가지게 된다. 사회는 자신이 속해 있는 사회가 될 수도 있고, 자신의 사회와는 또 다른 사회가 될 수도 있다. 그 이유는 사람의 영역 확장의 본능에 따라서 많은 장치들을 만들게 되었고 시공(time & space)을 초월함으로서 다른 환경과의 만남을 가질 수도 있기 때문이다. 이러한 몸

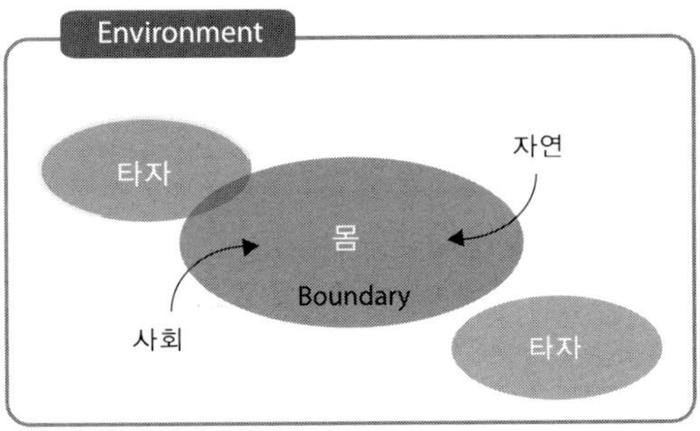

[그림_1] 사회적 환경 안에 자기 영역을 확장하고자 하는 몸

과 다른 요소들 간의 만남은 경계의 확장을 불러오며, 더 큰 사회로 발전하게 되는 것이다.

인지생태론(cognitive ecology)에서는 '우리의 마음이 환경과 연결되어 있다'라고 한다. 인간은 환경과 생태적으로 상호 영향을 주고받음으로써 하나의 전체 패턴을 창출할 뿐 아니라 역동적인 자기조직화에 의해 스스로를 유지, 적응하고 있다. 인지생태론에서는 인간과 환경의 상호작용을 강조한다. [그림 2][3)]는 일반적인 인간들의 지각에서부터 행동으로 옮겨지는 프로세스에 대한 모델이다.

깁슨(Gibson)의 생태 심리학은 '상호성(reciprocity)' 의 원리로 인간 유기체의 삶의 형식과 그들의 환경이 서로 통합된 '생태시스템(eco-system)' 으로 간주된다. 그는 지각, 행동과 같은 삶의 기능들은 필수적으로 환경을 포함하고 환경적 특성들은 유기체의 삶의 형식들을 포함하게 됨을 강조한다. 여기서 '생태적(ecological)' 이란, 상호성을 의미하며, 생태론은 직접적 사실주의자(direct realist)의 인식론으로 간접적 관념주의자(indirect idealist)의 관점과 구별된다.

인지 생태론이 시사 하는 점은 진화론, 일원론적 세계관을 표방하는 것으로 일원론의 궁극적인 목표는 인간이 시간의 연속 과정 속에서 끊임없이 이미지를 재생하고 불연속적으로 자기를 규정하면서 대상과의 일체화를 이루게 한다는 것이다. 이러한 의미에서 최근 인지 과학자들은 시간의 흐름에 의해 끊임없이 변화와 새로운 질서화를 향해 조직되는 자연계의 법칙과 같이 인간 시각시스템도 질서화를 위해 역동적으로 움직이는 것으로 보고 있다.[4)]

3) David C. Gross, 'Affordances in the Design of Virtual Environments, The first young investigator's forum in virtual reality', 2001 발표자료 중 발췌.

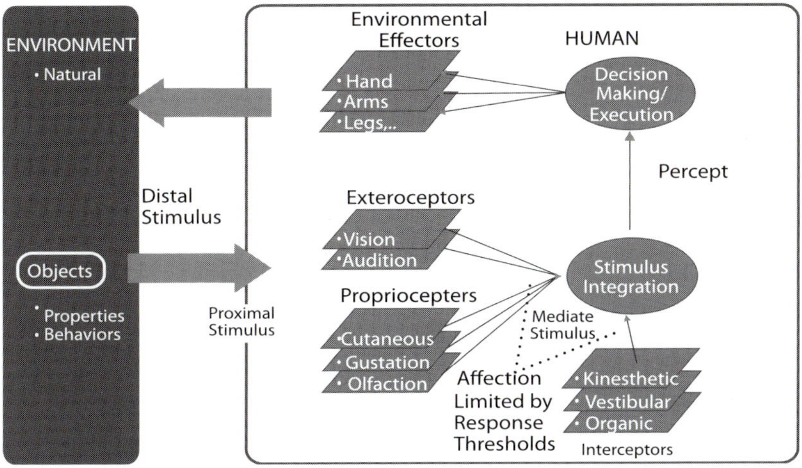


[그림_2] 지각_행동의 모델(출처: David C. Gross)

데카르트의 환원적 세계관[5]은 근대적 공간을 기하학과 시각 중심의 공간으로 유도하였으나, 탈근대적인 공간은 탈환원적인 세계관을 기초로 한다.

우주, 환경, 인간, 신경 시스템이 상호 작용하는 유기체적 관계성이 강조되는 탈환원주의적 세계관은 유기론과 일맥상통한다. 인간 신체의 일부인 감각과 이를 조절하는 신경시스템은 유기체이기에 각각의 요소로써 환원하는 환원주의적 사고로는 설명이 되지 않는다. 또한 인지과학자들의 견해를 살펴보면 시각 정보 같은 감각적 정보는 뇌신경 시스템도 '자기 조직화'와 같은 논리를 통해 정보처리가 된다는 것을 알 수 있고 최근 인지 과학이 심리학보다 자연과학에 더 가깝게 연구를

4) 김주미, '폴드공간의 인지생태론적 특성과 그 효과', 한국실내디자인학회논문집 제14권 3호, 2005.
5) 환원주의(Reductionism)는 세상의 모든 것은 위계(hierarchy)로 구성되어있다고 하는 것이고 계속해서 쪼개다 보면 결국에는 분자, 원자, 중성자들로 이 세계가 구성되어 있다고 믿는 것이다. 여기서 장이론은 적용되지 못하므로 한계를 드러낸다.

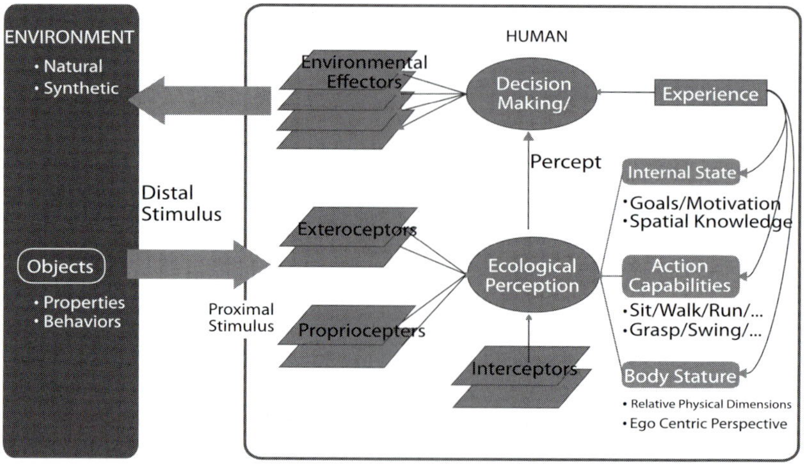


[그림_3] 인지 생태론의 모델(출처: David C. Gross)

진행하고 있기에 자연과학과 뇌 과학을 인지과학에 접목시켜 인간의 감성과 감각의 반응을 비선형 역학체계로 이해하려는 시도가 타당성을 얻고 있다.[6)]

6) Hillel J. Chiel & Randall D. Beer, The Brain has a Body: Adaptive Behavior Emerges from Interactions of Nervous System, Body, and Environment, Trends Neurosciences Vol. 20, No. 12 (Elsevier Science Ltd.,1997).

# Body_mind

## 마음과 몸의 상호성

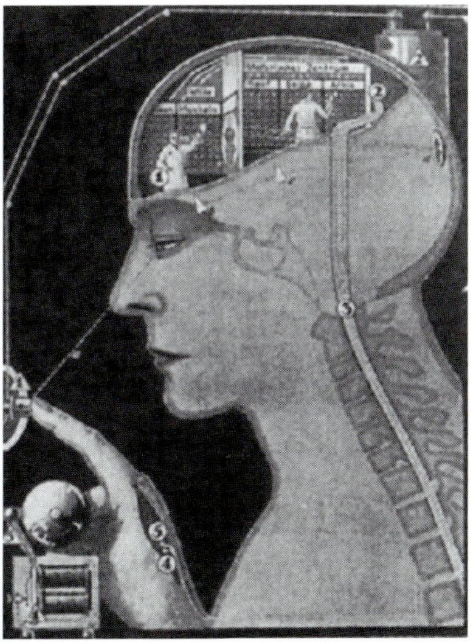

[그림_4] 마음과 뇌의 작용 (출처: 데카르트 심신이원론)

사회와 환경은 시대를 불문하고 불안정하기 때문에 사람들은 철학을 통하여 불확실한 것을 정의하려고 한다. 또한 이러한 이유로 데카르트는 사람의 마음을 수학화하려고 하였다.

데카르트의 이원론(Cartesian dualism)은 마음과 물질(matter)이 별개라고 한다. 이러한 데카르트의 심신이원론은 인지과학에 영향을 끼쳤다. 이에 반해 마음에 대한 연구의 한 흐름으로 행동주의(Behaviorism)는 60년대 주류를 이루었고, 내적인 정신생활에 관한 연구가 아닌 공적으로 관찰 가능한 인간의 행동을 연구하였다. 마음과 뇌는 세상을 재현하거나, 반영하는 것이 아니다.

1668년대 이태리 철학자 비코(G. Vico)는 데카르트의 생각과 달랐다. 그는 "의미(meaning)는 세계에 대한 감성적인 흥미가 배어 있는 것이다"라고 하였고 마음이 언어적으로 진화하고 이것이 의식을 통해서 현실을 만들어 간다고 하였다. 이를 문

화적 진화(cultural evolution)라고 한다.[7]

자아(self)는 물론 우리의 몸에 담겨져 있다. 갓난아이는 자기가 몸을 '가지고' 있다는 것을 학습하지 않는다. 자기의식은 다른 방식이 아닌 신체적 차별화를 통해 나타나기 때문이다. 다시 말하면 일차적으로 대상세계 및 타인과 실제로 관계를 맺음으로 해서 자기의 신체에 대해 학습하는 것이다. 따라서 몸은 단순히 실재(entity)가 아니라, 외부의 상황과 사건에 대처하는 양식으로 경험된다.

우리는 타자의 몸을 통해서 타인의 자아를 지각할 수 있다. 우리는 각기 다른 몸 상태를 지니고 있기 때문에 타인이 겪는 동일한 상태의 경험을 할 수 없지만, 상호신체성(inter-corporeality)을 근거로 타자 지각에 동참할 수는 있다. 그래서 메를로 퐁티는 상호성이 없이는 다른 자아도 없다고 주장한다.[8] 이렇듯 몸은 우리의 마음이 잘 돌보아야 할 유기체적(organic) 그릇이다.

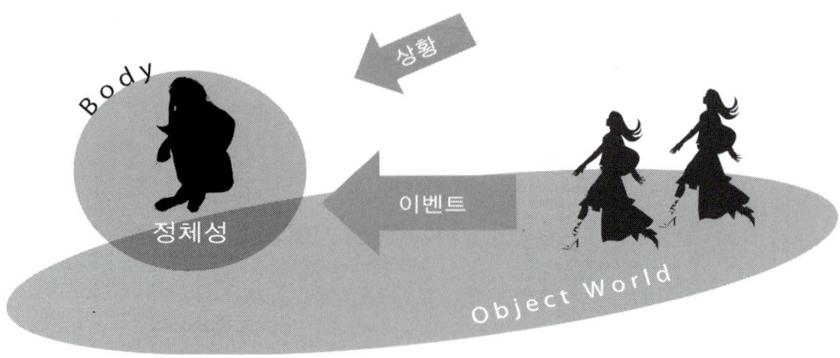


[그림_5] 자아와 타자의 관계

사람의 심리는 자기-의식으로 연결되어 있으므로 몸과 마음을 분리시키고자 하면 스트레스가 발생하고 불안감을 느끼게 된다.

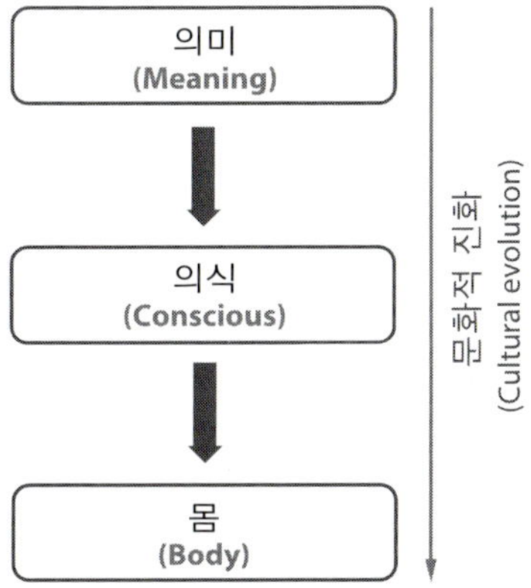

[그림_6] 문화적 진화

프로이트는 어떤 주어진 상황에서 불안이 어느 정도 느껴질 것인지는 한 사람의 '외적 세계에 대한 지식과 내가 어느 정도 힘이 있는가 하는 느낌'에 크게 달려 있다고 지적한다. '불안한 준비'의 상황은 불안 그 자체와는 다르다. 그것은 유기체가 위협의 원천에 맞설 준비를 하기 위한 심리적 · 기능적 조건이기 때문이다. 말하자면 행위의 준비는 위험에 대한 적절한 대응을 촉진시키는 것이다. 불안은 그 자체 대응하기 어려운 것이며, 적절한 행동을 발생시키기 보다는 마비시키는 경향이 있다.[9)]

몸은 마음을 표현하는 것이고, 타자는 그것을 모니터링 하게 되어 상대방의 감정을 느낄 수 있다. 많은 지구상의 생명체 중에서 인간만이 얼굴표정에 마음을 표현할 수 있다.

아기는 몸을 인식하지 못하므로 거울 앞에서 자신의 모습을 사라지게 하려고 하며 인식하지 못하지만 몸을 통해 세상(Object worlds)을 배우는 배움의 도구로 삼는다. 이는 돌봐주는 사람이 없어지는 두려움과 연결되며 불안감의 원인이 된다. 실

7) 이거룡, 「몸 또는 욕망의 사다리」, 한길사, 1999.
8) 조광제, 「몸의 세계, 세계의 몸」, 이학사, 2004.
9) Anthony Giddens, 「Modernity and Self-identity: Self and Society in the Late Modern Age」, Stanford University Press, 1991.

제로는 옆에 있지만 거울 속에 안 보이는 이 같은 거울 놀이를 통해 불안감을 극복하려고 노력한다.

몸은 단순히 '실체' 가 아니라, 외부의 상황과 사건에 대처하는 하나의 실천적 양식으로 경험된다. 이는 현상학자 메를로 퐁티가 강조하는 것이기도 하다. 얼굴 표정과 다른 몸짓은 일상적 의사소통의 조건인 맥락성 또는 지표성의 근본적인 내용을 제공한다. 사회적 관계의 생성과 재생산에서 평등한 기초 위에서 타인과 함께 할 수 있는 유능한 행위자가 되는 것을 학습한다는 것은 얼굴과 신체에 대해 연속적이고 성공적인 감시를 할 수 있다는 것이다.[10)]

## A. 동기부여의 시작; Motivation & anxiety

동기(motivation)는 행위의 원천과도 같은데, 단순한 일상생활의 요소로서의 관행적 행동에 직접적인 동기부여가 되는 것은 아니다. 예를 들면 아침의 눈을 뜨는 행동은 생체리듬에 따른 것이다. 우리는 동기부여를 보다 의식적으로 경험되는 학습에 의한 것뿐만 아니라, 무의식적인 형태의 감정(affect)도 포함하는 개인의 기초적인 '감정상태' 로 간주해야 한다.

우리가 행동하는 것에 대한 동기는 불안감에서 유발된다. 이 때 우리는 학습을 통해서 행동에 옮기게 되는데 우리가 행동하는 것은 믿음에 의한 감성(emotion)과 연결되어 있다. 오랜 시간 동안 차를 탈 일이 있으면 미리 화장실을 다녀오는 것처럼 학습의 과정을 통해서 생기는 행동에는 이유가 있다. 생리적 현상으로 인한 것처럼 갈증이 나서 물 찾을 때와, 아침에 눈 뜰 때는 동기 없이 이루어지는 행동도

10) ibid.

있다.

일반적으로 동기는 행동의 원인 또는 이유라고 할 수 있는데, 이는 행동을 조장하고 그 행동에 방향을 부여하는 기능을 한다. 동기는 그 원인에 따라 외적인 동기와 내적인 동기로 나뉜다. 외적인 동기는 보상이나 처벌같이 현실에 직면한 외부에서 오는 동기를 의미하며, 반대로 내적인 동기는 우리 내면에서 성취감이나 만족감을 느끼기 위해 우러나는 동기를 의미한다. 이 둘은 서로 무관한 것이 아니지만 다른 인지적 패러다임으로 행한다.

다시 말하자면, 외적 동기는 사물의 용도적 목표를 향해 당장 해결해야 할 문제(자동차에 시동을 걸고, 지하철역에서 행선지 사이를 보고 방향을 정해야 하는), 또는 최적화되어야 할 조건(의자의 인체 공학적 최적 치수, 타이포 그라피의 가독성)들을 말하는 것으로 앞서 설명한 디자인의 실질적 기능은 바로 이러한 동기에 부합한다. 전통적인 디자인의 기능주의는 이를 위해 디자인의 표준화 원리를 개발해냈다. 그러나 사람들은 자신의 정체성을 정의하고 싶은 욕구를 가질 때 종종 위에 말한 실질적 동기의 범주를 전적으로 포기하거나 부차적인 문제로 간주하려는 경향이 있다. 이러한 경향은 내적인 동기와 같이 개인적 의미를 찾을 수 있어야 하며 장신구와 패션과 같이 기술적 문제가 별로 고려되지 않는 상황에서 현저하게 나타나지만, 개인의 의사결정에 따라서는 고도의 기술적인 영역에서도 동기를 부여한다.

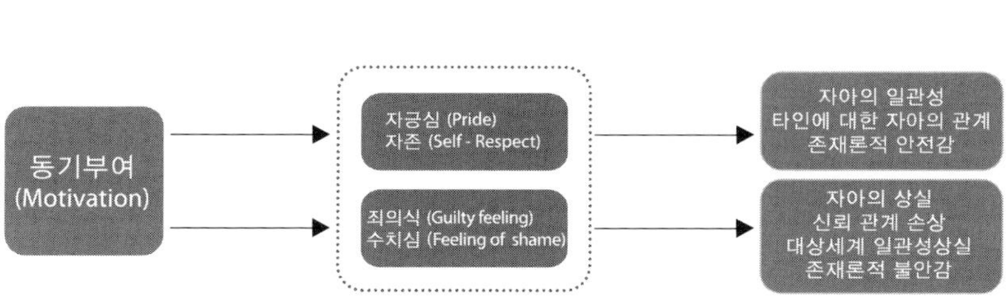


[그림_7] 긍정적 동기부여와 부정적 동기부여

이른바 '명품 디자인' 을 하나쯤은 소유하고 싶은 심리는 즉 사람들이 자신들의 정체성을 드러낼 목적으로 경우에 따라서는 현저한 경제적 부담과 불편을 감수하면서까지 특정 사물을 구매하는 것이다.

또한 동기부여는 긍정적인 측면과 부정적인 측면으로 살펴볼 수 있는데 긍정적인 면은 존재론적으로 자아가 안전감을 느끼며 자긍심과 스스로 존중하는 반면, 부정적인 측면은 죄의식과 수치심을 동반한다.

인간은 태어남과 동시에 생존의 위협을 받게 된다. 그것은 모태(母胎)에서 나온 어린아이의 울음소리를 떠올리게 한다. 알 수 없는 불안감은 이때부터 시작되었다고 볼 수 있다. 이러한 생존 본능은 외부의 환경으로부터 자신의 영역을 형성하여 보호하려는 행동으로 반응한다. 원시시대의 동굴 집은 비바람과 맹수 등의 공격으로부터 스스로를 보호하기 위한 영역이다. 사회가 형성되면서 영역의 의미는 여러 가지로 나타나는데, 물리적으로 내가 점유하고 있는 공간(occupancy space), 정신적으로 내가 사회에서 미치는 영향력, 지식기반의 범위, 기억 등으로 나누어 생각해 볼 수 있다.

'불안감(anxiety)' 이란 '상실감(feeling of loss)' 이나, '돌봄의 부재(absence of care-taken)' 처럼 뭔가를 잃어버린 느낌이며 나를 돌봐주는 사람의 부재이다. 따라서 사람은 이러한 불안을 없애기 위해 끊임없이 노력해야 한다. 여기서 '결핍' (lack)이라는 단어와 비교하면, 유사한 점은 인간은 부족함을 느끼며 그 부족함으로 인하여 새롭게 도전하고 진화해 나갈 수 있다는 것이다.

죄의식(guilty feeling)은 불안을 유발하는 하나의 감정이다. 그 사람의 생각이나 활동이 규범적인 기대와 일치하지 않을 경우 위반에 대한 공포가 낳은 불안이라는 것이다. 이는 프로이트가 시사 하는 것보다 더 일찍 일어난다. 이러한 죄의식은 정신분석학 이론의 문헌에서 광범위하게 논의되고 있지만, 그 동안 중요성에 비해 다루어지지 않았던 문제들, 즉 수치감(feeling of shame)과 관련하여 더욱 중요하다.

수치감은 본질적으로 그 사람으로 하여금 일관된 전기(biography)를 유지할 수 있는지의 불안이다. 수치감은 타인의 눈을 통해 자신을 보았을 때 느끼지만, 완전히 혼자일 때 수치감을 느낄 수도 있다. 수치감은 행위자의 동기부여 체계의 부정적 측면이다. 긍정적 측면은 자부심 또는 자존심, 즉 자아정체성의 온전함과 가치에 대한 믿음이다.

자아정체성(Self-identity)은 의식적으로(conscious) 일상적 활동 속에 있는 걱정거리에 대한 불안감(anxious)과 무의식적(unconscious)으로 늘 내재되어 있는 원인을 알 수 없는 불안감(anxiety)으로 구분하여 생각해 볼 수 있다. 미래를 알 수 없는 인간의 삶은 언제나 '불안감' 을 벗어날 수 없다. 따라서 그러한 불안함을 상쇄시키기 위해 인간은 상호 커뮤니케이션을 통해서 신뢰를 강화하고 자아정체성을 확인하고 확장하려고 노력하는 것이다.

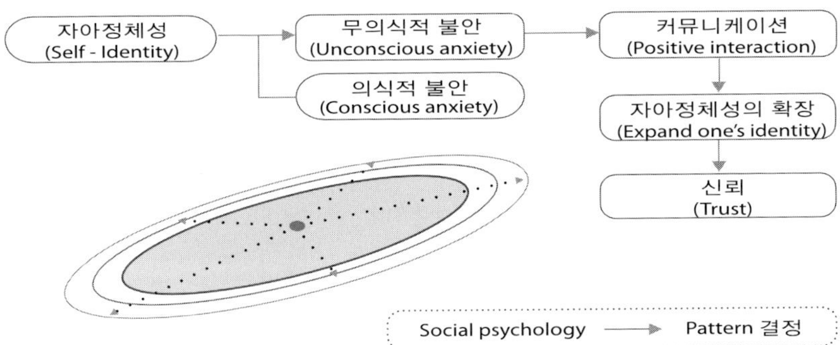


[그림_8] 자아정체성과 영역확장의 욕구

## B. 경험에 따른 기억; Memory & expectation

'Memoria'는 '기억'과 '회고록'의 두 가지 의미가 있다. 지금은 거의 안 쓰이지만 예전에는 '기억'과 '글로 쓴 기록(written record)'의 두 가지 의미로 쓰였다.

"우리는 보고 듣고 이해한 것을 기억하고자 할 때마다 우리의 느낌과 생각 아래 밀랍 덩어리를 놓고 인장 반지를 눌러 찍듯이 인상을 찍는다. 우리는 그 인상 밀랍 덩어리에 남아 있는 한은 그것을 기억하고 알지만, 지워진 것은 잊어버리고 찍히지 못하는 것은 알지 못한다."라고 소크라테스는 말하였고 아리스토텔레스는 '기억론(De Memoria et reminiscentia)'에서 감각기관에 의해 흡수된 경험이 '도장을 찍는 것처럼 기억 속에 'eikon(이미지를 뜻하는 그리스어)', 즉 '상(像)'을 남긴다고 썼다. 감각론적인 아리스토텔레스의 심리학에서 기억이란 감각기관을 통해 들어온 상들을 보유하는 것이라고 하였다.

이처럼 기억(memory)은 감각기관을 통해 자극들이 흡수되면서 의식적, 무의식적으로 저장된다. 기억을 끌어내는 것도 마찬가지이다. 우리가 어떤 상황에서 예전의 무의식적인 경험을 떠올릴 때, 100% 똑같이 기억하지는 않는다. 이는 그 때의 상황이나 분위기, 감정상태 등에 따라 다르게 나타나기 때문이다. 게슈탈트의 형태심리학(Gestalt psychology)은 이를 바탕으로 하여 보는 사람의 관심에 따라 형상이 얼마든지 뒤집어질 수 있음을 보여주고 있는 예이다. 게슈탈트 이론에서는 우리의 의식이 통일성(완결), 연속성(근접성), 유사성의 원리에 입각하여 자극을 하나의 의미 있는 전체 혹은 형태로 만들어 지각하는 경향이 있다고 한다.

전경은 앞에 떠오르는 형상이고 배경은 전경 이외의 형상이다. 개인은 전경과 배경을 조직화하여 지각의 장(場)을 마련하고 의식 속에 받아들인다. 배고픈 사람은 음식이 전경이 되고 그 이외의 것은 모두 배경이 된다. 개인은 자신의 현재 욕구를 기초로 게슈탈트를 형성하여 지각한다.

심리학자들은 기억을 장기기억과 단기기억으로 구분한다. 단기기억은 의식적 마음의 준비상태이다. 그것은 가상 시나리오의 현재 부분과 기억된 부분으로 구성되며 한꺼번에 단 7개의 단어와 기호만을 다룰 수 있다고 한다. 장기 기억의 경우에는 정보를 끄집어 내는 데 시간이 많이 걸리지만 용량의 제한은 거의 없고 상당 부분이 평생 보존된다. 장기기억을 하기 위해 특정한 물건, 사람, 사건들을 의식적 마음속으로 끌어들여 동시에 경험된 연관된 개념들과 함께 의미까지 재창조 할 수 있다. 이러한 하이퍼텍스트(Hypertext) 경로들을 통해 어떤 때는 기억에서 새로운 연상이 생기기도 한다. 이러한 여러 연상과 의미를 불러일으키는데 메타포는 탁월한 역할을 해낼 수 있다. 예를 들어, 오랜 전에 방문한 어느 장소에서 받았던 감흥과 기억들이 지금까지도 생생하게 남는 것은 뇌에서 이미 감각기관을 통해 받아들인 정보들이 장기기억으로 전환되어 남아 있기 때문이고 장기기억으로 남기기 위해 여러 의미들을 창출하기 때문이다.

[그림_9] 위에서 아래로 오면서 전경이 배경이 된다.
(출처: ⓒ 1938 Escher, Sky and Water 1)

여기서 의미(meaning)라고 하는 것은 심상(imagery)을 확장하고 감정을 개입시키며 확산되는 흥분을 통해서 창조된 신경망들 간의 연관이다. 감정의 일정 상태와 강도가 바로 기분(mood)이고 창조성(creativity)은 새로운 시나리오들을 생산하고 그 중 가장 효과적인 것을 고르는 뇌의 능력이다.

1974년 캐나다 뇌 과학자 엔델 털빙(Endel Tulving)이 제시한 일화기억(episodic memory)과 의미 기억(semantic memory)을 살펴보면 좀 더 이해가 빠를 것이다. 일화기억은 사람을 비롯한 다른 구체적 대상들에 대한 과정의 직접 지각(perception)을

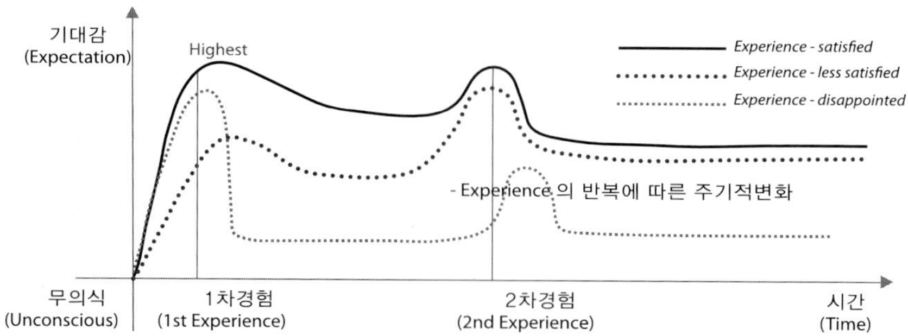


[그림_10] 경험에 따른 기대치

상기 시킨다. 이것은 마치 영화 속의 이미지를 떠올리는 것과 같다. 반면 의미 기억은 대상과 개념을 다른 대상과 개념에 연결시킴으로써 의미를 상기 시킨다. 이런 경우에 의미가 그 대상과 개념의 이미지를 통해 직접적으로 연결될 수도 있고 이미지를 표시하는 기호를 통해 연결될 수도 있다. 즉 비행기와 화살표만 가지고도 공항이라고 연상시킬 수 있는 것이 바로 이러한 예이다.

처음 대상을 접할 때의 기대감(expectation)은 몸의 경험에 따른 기억의 차이이다. 기대감은 주변의 환경에 의해 영향을 받는다. 무언가를 기대할 때 우리는 기쁨(pleasure)과 불안감(anxiety)을 동시에 느낀다. 기대감과 기쁨은 비례관계이다. 대상은 경험을 통해 새로운 의미를 갖게 되고 기억이 변하게 된다.

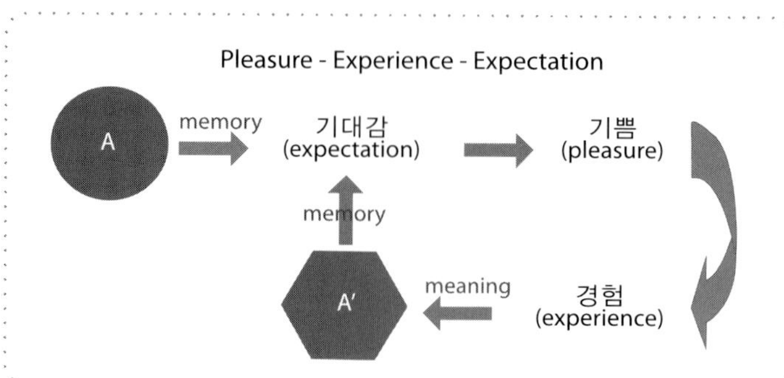


[그림_11] 기대감의 순환

## C. 생태적 의도; Meaning & intension

의미(meaning)는 의도(intention)와 일맥상통하고 의도가 마음의 상태를 결정한다. '의도하다' 라는 것은 심상(imagination)이 항상 개입되어 있다. 이는 현재 없는 것을 의도하기 때문이다. 의도는 의식과 무의식의 복합체이고, 무의식은 환경과 연결되어 있다. 따라서 의도는 환경에 영향을 주고 환경은 무의식에 연결되어 의도를 변화시키기 때문에 의도는 생태적(ecological)이고 의도와 환경은 상호반응한다.

반면에 동기(motive)는 행동에 대한 설명이다. 따라서 동기는 의도와는 다르며 의도는 욕망(desire)과도 다르다. 토마스 아퀴나스(Thomas Aquinas)는 '의도는 사람이나 동물이 성숙해가는 과정이다.' 라고 하였다. 또한 의도는 '미래의 목표를 정해서 하는 행동' 이라 했다. 꿈은 삶에서 요구되는 것에 대한 의도와 문제해결을 의미하며 전에 일어났던 일에서 가졌던 정신적 상태의 반영(reflection)이다.

의도는 자아의 목표(goal), 가치(value), 감성(emotion), 미래(future)에 대한 예측을 포함한다. 몸은 자아(self)의 중심이며 감정(feeling)은 몸에서 표현되는 것이다.

예를 들어 연인 사이에 헤어진다면 뇌의 작용에 의해 눈물이 난다. 이는 몸을 통해 표현된다. 자아가 진화하려면 과거, 현재, 미래의 스키마(Schema; 인지 구조에 의해 구성되는 마음의 모델)가 있어야 한다. 이러한 스키마는 우리에게 반영을 주어야 한다.

일반적으로 사람들은 사물과 이미지에 대해 상이한 대화 능력을 갖고 있는데, 여기에는 적어도 선호, 경험, 감각 등에서 기본적인 차이가 존재한다.

20세기 초에서 말로 이어져 온 모던 디자인은 이념적으로 모든 사적이고 주관적인 요소들을 배제함으로써 오직 표준화된 순수 형태(원, 삼각형, 사각형과 같은 기하학적인 요소에 의한)를 통해 객관적인 세계질서를 획득할 수 있을 것이라고 확신했었다. 기하학적 순수 형태에 대한 타고난 보편성이 사람들에게 존재하리라고 생각했던 이러한 확신은 한마디로 망상에 불과했던 것이다.

인간은 형태에 대한 감각은 맥락에 따라 달리 반응한다. 그동안 그토록 디자인 실무를 지배했던 형태 단순성의 원리는 가장 단순하고 기본적인 형태 요소에 대한 이념적 집착이 만들어낸 결과였다.

사람들은 너무 복잡한 것을 싫어하는 만큼 너무 단순한 것도 좋아하지 않는다. 미적 감각의 기원에 대해 연구했던 심리학자 다니엘 벌린(Daniel Berlyne)은 인간의 미적 행동은 심리학적인 '각성수준(arousal level)'과 관계가 있다고 파악했는데, 사물에 대한 즐거움(pleasure)은 보통의 각성 수준에서 가장 컸다고 제안했다. 즉 그는 너무 적거나 너무 큰 각성은 즐거움을 덜 제공하며 또한 각성의 적당한 증가가 즐거움을 유발한다는 결과를 얻어냈던 것이다. 벌린의 연구 결과로부터 우리는 사람들에게 즐거움을 주는 디자인은 언제나 변함없이 단순함을 추구하는 것이 아니라 단순성과 복잡성, 질서와 변화, 또는 프로이트 식의 '에고(Ego)'와 '이드(Id)' 사이에서 어떤 균형 감각을 추구한 것이라는 사실을 알 수 있다. 또한 우리는 벌린이 말한 사물에 대한 각성에 대한 '각성 잠재력(arousal potential)'은 변화한다는 사실을 인식해야 한다. 그 이유는 시간이 지남에 따라 각성수준은 습성화되기 때문이다.

황금률의 타당성을 검증하려 했던 훼흐너(Hoechner)와 같은 심리학자는 미적 판단에서 황금 분할의 역할에 대한 타당성을 검증하려는 실험을 한 적이 있다. 그는 피실험자들에게 두 변의 길이가 서로 다른 10개의 직사각형 카드를 만들어 사람들에게 가장 좋게 느껴지는 사각형을 선택하라고 주문했는데, 두 변의 길이가 34와 21(1.619 : 1)인 사각형을 가장 높은 빈도로 선택했다는 결과를 얻었다. 그러나 훼흐너 이후의 후속 연구들은 반대로 그 결과가 모호한 것임을 밝혀냈다. 즉 훼흐너가 얻어낸 선호도의 결과는 단지 실험 세트에 포함된 비례의 범주에서만 타당하다는 것이다. 이는 즉 황금률이 맥락에 상관없이 언제나 불변적인 것이 아니라 주어진 조건에 따른다는 것이다.

'버셀리(Berceli)' 라는 심리학자는 몬드리안의 회화구성 속의 회화적 속성이 황금 분할에 의해 구축되었다고 주장했던 1963년의 블로의 연구 결과에서부터 출발했다고 하였다. 버셀리는 애초 몬드리안의 회화 공간 내의 한 면이 갖고 있던 1:1.618의 비율을 1:1.5의 분할로 재조정했는데, 그 결과 원래 그림의 주요소들이 지니는 상대적 크기, 방향과 공간적 관계성과 같은 구성적 양상들이 크게 변화되었다. 그리고 버셀리는 만일 몬드리안의 황금분할이 회화의 구성과 이에 대한 관객의 반응에 심각한 미적 반응을 일으키는 역할을 한다면 재조정된 비율의 변화는 그 선호도에서 상당한 영향을 줄 것이라고 가설을 설정했다. 그러나 실험의 결과는 우습게도 아무도 그림이 재조정되었다는 사실을 인식하지 못했다. 사람들이 본 것은 회화 공간 내의 면 구성이 아니라 '아! 몬드리안의 그림!' 이라는 의미였기 때문이다. 이러한 심리학적 연구 결과로부터 알 수 있는 것은 사물에 대한 보편적 구성 원리를 절대시하는 일은 근거가 없는 것임을 인식해야 한다. 이는 디자인이 위치되는 각기의 맥락(context)에 따른 것이며, 선호는 사물과 이미지 자체의 구성 원리에 따른 것이 아니라 상호작용하는 사람들의 '의미의 문제' 인 것이다.[11)]

우리는 일상생활에서 언어를 두 가지 방식으로 표현하고 있다. 청각과 시각이 그것이다. 청각을 통해 전달되는 언어에는 그 사람의 말투와 억양, 감정이 실려 있게 된다. 같은 '글자'로써 표현된 것이지만 그것에는 화자의 마음이 내포되는 것이다.

반면 시각을 통해 전달되는 언어는 '말'과 비교할 때 보다 객관적이다. 사실을 전달함에 있어서 말은 개인마다 다르게 전달될 소지가 있으나 글자는 그 확률이 매

11) 김민수, 「21세기 디자인 문화 탐사」, 솔, 1997.

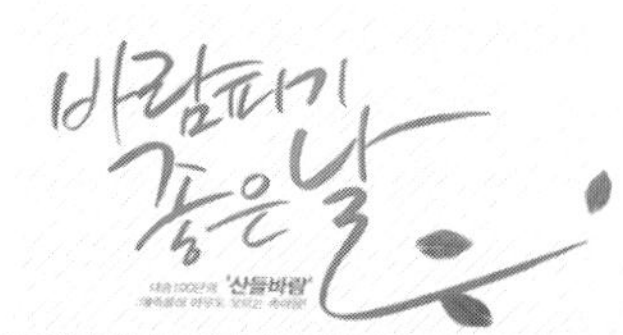


바람피기
좋은날

**Effective Language or Image ??**

언어 + 이미지 = 사실 (유사성) + 감성 (차별성)
언어 + 사운드 + 장소 + 감정 + ... = 다양한 의미

1. 사실전달 – 1:1
2. 읽는 이로 하여금 어떠한 감정이입을 불러일으킬 수 있을까? – 1:0
3. 무의식 상태에서 느껴지는 **Emotion**은 무엇이 더 강렬할까? – 1:0

[그림_12] 필체에 따른 감정 전달의 변화

우 떨어진다. 글씨체에 따라 사실 전달에 있어서는 거의 차이가 발생하지 않는다. 그러나 읽는 이로 하여금 감정이입이 발생함에 있어서는 분명 달라질 수 있다. [그림 12]와 같이 영화 타이틀인 '바람피기 좋은 날' 이라는 문구가 바람에 휘날리듯 쓰인 글씨와 정자로 쓰인 글씨에는 전달받는 느낌이 달라진다. 언어를 전달함에 있어 가장 1차적인 목적은 사실전달이다. 그러나 영화포스터의 제목은 제목 자체만으로 작품의 의미가 함축되어 있어야 하며 이를 시각적으로 전달함에 있어서 디자인된 언어, 즉 폰트의 중요성은 더욱 커지게 된다. 이것은 하나의 자극이 될 수도 있다. 자극이 주어짐으로써 보다 창의적일 수 있지만 이것이 지나치게 될 경우엔 스트레스가 되고 의미전달에 방해가 될 수도 있다.

어떠한 상황도 없이 무의식의 상태에서 이 문구를 보았을 때 감성에는 어떤 차이점이 발생할까? '바람피기 좋은 날' 에서 바람의 사전적 의미는 남녀관계에서 생기는 들뜬 마음이나 행동이다. 바람에 휘날리듯 쓰였다고 함에 있어서의 바람은 공기의 흐름이다. 같은 기표가 가지는 그 대상은 다르지만 기표라는 공통점에서 우

리는 거부감 없이 연상하여 의미를 받아들이고 오히려 더 효과적으로 그 느낌을 전달받는다.

폰트(font)라는 것은  넓은 의미에서는 언어의 이미지화 일수도 있다. 언어가 이미지의 성격을 가지게 됨으로써 사실 외의 감성을 갖게 된 것이 아닐까? 더 나아가 언어가 이미지화됨뿐만 아니라 그것이 전달되는 장소와 시간, 상황, 수용자의 특징 등이 어떻게 무엇으로 결합되느냐에 따라 그 언어가 전달되는 의미는 보다 다양해지게 된다.

앞에서 예로 보인 '바람피기 좋은 날' 이 극장가에서는 영화제목으로서 강력한 홍보물이 된다. 하지만 패러디화 되어 채팅의 아이디가 된다면 어떻게 될까? 혹은 냉소적인 영화평론가의 평론에서는 저 문구가 전달하는 의미는 어떻게 변화할까?

언어의 이미지화가 언어의 의미를 보다 효과적으로 전달하기 위한 영역이라면 장소와 시간, 상황, 사람 등이 결합되는 것은 언어의 의미가 갖는 역할이 다양함을 나타내게 되는 영역이라고 할 수 있겠다.

## D. 감성과 감정; Emotion & feeling

감성과 감각은 몸을 메타포 삼아 생성된다. 무의식적 마음(unconscious mind)은 감각기관을 통해서도 움직이지만 그 자체로도 작용 가능한 시스템이다. 우주는 그 안에서 균형과 생성, 소멸 그리고 이것들의 순환을 가지고 있다. 무의식의 마음은 우주와도 같다. 프로이트는 의식은 무의식에서 영향을 받는다고 하였다.

감각(sensation)이란 내부로부터 바로 나온 것이고, 이것이 자신의 가치(value)에 따른 판단을 거쳐 감정(feeling)으로 발전한다. 감성(emotion)은 신체적 지각을 통해 일어나고 이는 생존과 결부되어 있다. 그리고 감성은 감정으로 발전되며 복잡해 진다.

우리는 어떤 때 기쁨(pleasure)라는 감정을 가지게 되는가? 바로 기대할 때이다. 이것은 단순한 즐거움의 현재 시점과는 다른, 불안감과 같은 미래 시점이다.

감성은 하나의 감각에서 몸 전체의 반응을 이끈다. 자아의 연속성, 결합력(coherence)은 전체성의 몸(holistic body)이고 이에 자아가 발생된다. 커뮤니티의 정체성(community identity)도 전체성의 몸과 같은 개념으로 이해할 수 있다.

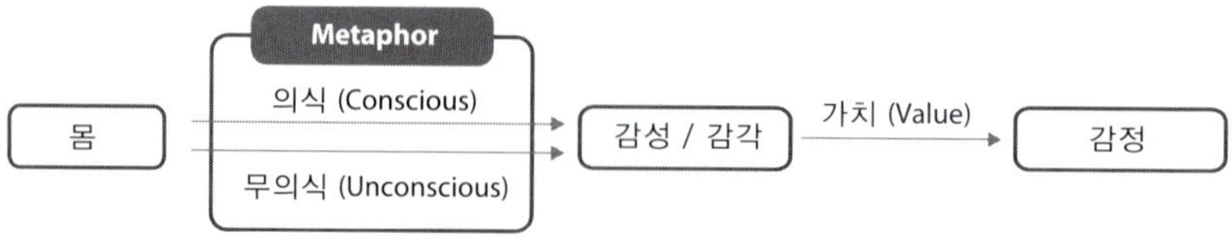


[그림_13] 신체적 지각에서 감정까지의 단계

[그림 15] 와 같이 파충류의 뇌는 가장 기본적인 성남(rage)과 돌발적인 성적 감정(erotic feeling)만 있으며, 포유류의 뇌는 파충류의 뇌에 추가하여 사회적인 요소(nursing, attachment, communication, play)를 담당하는 부분이 있다. 가장 고등동물인 사람의 뇌는 이러한 파충류와 포유류의 뇌에 추가하여 언어, 가치에 따라 의미를 부여 할 수 있는 부분이 있다.

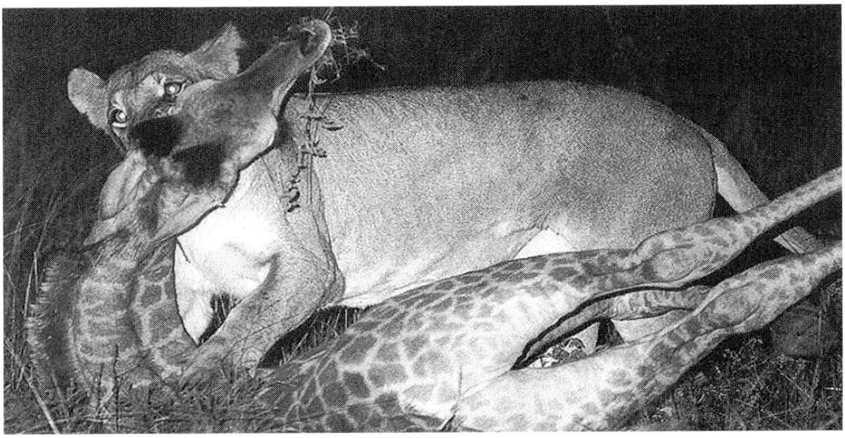

[그림_14] 초식동물과 육식동물의 먹이사슬에서 감성(Emotion)이 발생하였다. 이는 생존하기 위함이다.
(출처: 동물의 왕국 '양육강식의 시대')

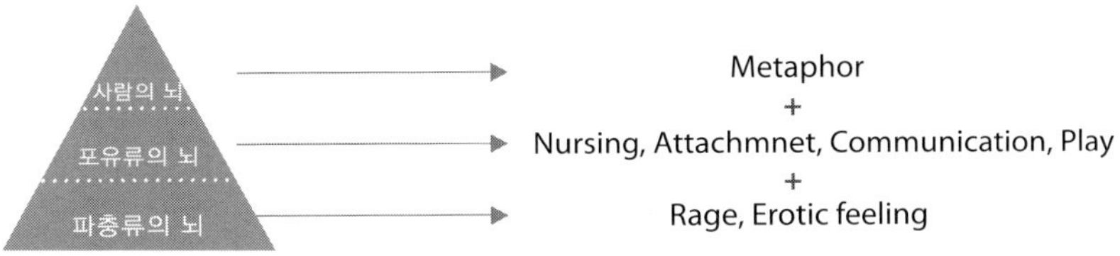


[그림_15] 파충류, 포유류, 사람의 뇌의 작용

사회적 동물만이 유희(play)할 수 있으며, 상호간의 애착(attachment)을 유지하려면 대화(communication)가 있어야만 한다. 커뮤니케이션을 통한 유희는 즐거운 감정을 가지게 하며 다른 맥락(context)을 제공한다. 이는 감성의 변화와도 같으며 정해진 일상의 틀을 벗어나 의미의 재맥락화(recontextualization)가 이루어진다. 이것이 곧 자극(stimulation)이다.

두려움, 놀라움, 슬픔, 매스꺼움, 분노, 예견, 기쁨, 수용 등의 감정 상태를 우리는 어떠한 상황에 직면했을 때 감성으로 바뀌는 것을 알고 있을 것이다. 이러한 감성으로의 변화를 유도하는 것은 바로 자극이다. 애매한 자극들은 사람들이 부정적인 감정을 느낄 때보다 긍정적인 감정을 느낄 때 더 호의적인 것으로 지각한다고 한다. 예를 들자면 면접을 보는 시험관의 기분이 그날의 감정이 어떠한가에 따라 수험자에 대한 판단이 긍정적일 수도 부정적일 수도 있는 것은 이러한 까닭이다.

'James-Lange' 이론에 따르면 감성은 우리가 정서 유발 자극을 지각할 때 일어나는 생리적 변화의 결과라고 하였다. 만일 우리가 무서운 대상을 보고 손에 땀이 고인다거나 맥박의 박동 수가 변하게 되는데 이러한 생리적인 반응이 무서움이라는 정서적인 경험을 가져온다는 것이다. 이것은 즉 우리가 대상이 무서워서 땀을 흘리는 것이 아니라 땀을 흘리기 때문에 두려움을 느낀다는 것이다. 반면에 'Connon-Bard' 이론을 살펴보면 우리가 감성을 파악하는 것이 신체적인 변화와 감성적 느낌이 순서에 따른 것이 아니라 동시에 일어난다는 것이다. 즉 신체적인 반응이 정서적인 체험으로 변환되는 원천이 되기에는 너무 느리다는 것이다. 감성의 체험이 신체적 반응과 동시에 발생한다는 보고도 많이 나와 있다.

감성에 대한 연구들은 최근에 인지적인 측면들을 강조한다. 이러한 연구를 읽어보면 우리는 내적인 각성 상태를 우리 주위에서 일어나고 있는 사실에 의해 해석한다는 것이다. 우리가 똑같은 생리적 변화를 경험했다 하더라도 우리가 우리 주위의 환경에서 일어난 외적 자극의 정보를 어떻게 해석하느냐에 따라 느끼는 감성이 달라질 수 있다. 따라서 감성은 생리적 각성에 따른 신체적 경험과 우리가 우리 환경에서 일어난 것을 어떻게 해석하고 받아 들이냐는 인지에 따라 결정된다고 볼 수 있다.

토마스 아퀴나스는 감성의 절제는 자유의지와 도덕적 판단을 인간이 할 수 있기 때문이라고 설명했다. 또한 프로이트는 감성과 이성이 대립하는 것으로 설명했다. 두려움(fear) 과 성남(rage)은 가장 기본적인 감성이다. 불안감(anxiety)은 인간만이 가진 감성이며 이는 의도, 심상 그리고 메타포를 내포하고 있다.

자아는 감성적 상태를 계속해서 점검하고 있다. 감성은 우리가 의식적으로 할

[그림_16] 감정과 자아 (슬픔과 기쁨)

필요 없이 인간의 치명적인 정보를 전달해 준다. 이것은 환경에 반응하는 것이며 무의식적 자아(unconscious self)는 자아의 연속성을 만들어준다.

감성(emotion)은 무의식적(unconscious)이고 감정(feeling)은 의식적(conscious)이라고 할 수 있다. 감정을 아는 것과 자아를 아는 것은 다르며 자아를 아는 것은 곧 자기 반영(self reflection)을 하는 것이다.

자아는 '나는 독특(unique)하다' 라는 것과 '연속적이다' 라는 것을 나타낸다. 정신이 끊어지면 불안(anxiety)이 발생하기 때문에 자아는 이렇게 생존하기 위해 불안을 줄이려 하고 이는 연속성(continuity)으로 나타난다.

변화와 자극, 긴장감과 스트레스. 너무 많은 변화와 자극은 스트레스를 유발한다. 일관성과 변화의 균형을 찾는 것이 중요하다. 유희는 높은 차원의 감정을 주기 때문에 일상에서의 탈출(연극, 영화, 여행)은 생존이 목적인 상황을 떠나 안정적인 감정을 갖게 한다. 시지각은 규칙이 있지만 다른 감각은 사람마다 다를 수 있다.

인간은 때때로 기억과 메타포를 통해서 처음 본 것도 알고 있는 것으로 인식하려 한다. 우리는 언어, 상상력, 상징화(symbolization)로 외부세계로부터 자유로울 수 있다. 이는 오프라인 사고(off-line thinking)이며 언어이다. 똑같은 행동도 그것이 놀이냐 아니면 생존하기 위한 것이냐에 따라 다른 감성을 준다. 사람을 알려면 그 사람을 아는 것도 중요하지만 그 사람을 느끼는 것도 중요하다.

감성을 높은 차원의 감정으로 만들려면 메타포와 언어가 필요하다. 이때의 메타포는 자동적이다.

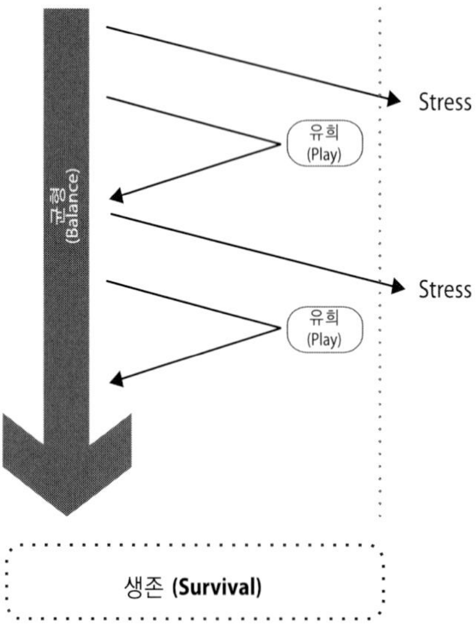


[그림_17] 유희(Play)를 통한 균형

# Body_sensation

## 감각체로써의 몸

'몸' 에 관한 사유는 시대의 흐름에 따라 계속 바뀌어 왔다. 최근 20세기에 들어 '몸' 은 본래의 순수한 모습을 되찾고자 하는 의지의 표현으로 인식되고 있다.

석기시대의 인간은 자신의 육체가 자기 자신의 것이라고 자각하지 못했다. 인간의 육체는 영에 종속된 것으로 육체의 모든 문제는 영의 지배를 통해 해결할 수 있다고 여겼다.

그리스 고전주의 시대의 경우에는 육체에 대한 절도 있는 지배야말로 자유인의 교양에 속했다. 정신과 조화를 이룬 육체의 아름다움은 가장 인간적인 것으로, 가장 인간적인 것인 만큼 이상적인 것이기도 했다. 그리스 시대의 자유 시민상은 정신과 육체가 조화를 이룰 뿐만 아니라 정신과 영혼도 통일되어 있는 인간을 의미했다.

중세에도 정신과 영혼을 따로 구분하지는 않았다. 육체는 정신과 영혼이 깃들어 있는 잠시의 집으로 육체의 요구가 정신과 영혼의 일치에서 오는 평형과 자유를 빼앗아서는 안 된다고 믿었다. 이는 정신과 영혼에 인간이 인간다울 수 있는 근거가 있다고 생각했기 때문이다. 르네상스의 인간관은 당시 우주론의 중심이 되었고 인간의 육체와 감성은 인간 정신의 지위로 점차 상승하기 시작했다. 결국 세계를 확인해줄 수 있는 것은 인간의 눈의 질서와 인간의 감각을 통해서라는 것이 확실해졌으며, 인간 영혼의 풍부한 내용은 세계에 대한 인식의 풍부함을 약속해줄 수 있다는 것이 분명해졌기 때문이다.

자본주의 사회에서 몸은 생물학적 몸이기보다는 사회학적 몸으로 관찰된다. 사회학적 몸은 생물학적 특성들과 경향들이 제거되거나 확대되어 자연성을 상실해간다. 오락산업과 향락산업은 몸의 사회성을 자극하고 차별화하여 끊임없이 매혹의 우상을 만든다.[12] 그러나 우리는 정신과 마음을 함께 진화시킬 수 있는 관점에서 생물학적인 몸, 유기체로써의 몸, 감각체로써의 몸을 이해해야 한다.

## A. 감각기관; Sensation

감각이란 외부의 물리적 자극에 대한 신체 기관의 감지를 의미한다. 감각은 크게 특수감각, 체성감각, 내부감각으로 분류된다. 특수감각에는 빛에 대한 시각, 소리에 대한 청각, 맛에 대한 미각, 냄새에 대한 후각과 평형감각이 포함되고 감성감각에는 촉각, 압각, 온각, 냉각이 포함된다.

생명들이 살고 있는 생존 환경은 다양한 정보를 제공하고 있다. 이런 정보들은 생명체의 생존에 매우 중요한 역할을 하므로 다른 동물들과 마찬가지로 자신들의 생존 공간을 보다 정확하게 이해하기 위해 인간은 다양한 감각기관을 발전시켜 왔다. 시각, 청각, 후각, 미각, 촉각 등은 상호 작용하여 공간을 이해할 수 있게 해주는 것이 중요하다.

지각은 이러한 감각들의 합이다. 감각의 의미는 이론가들의 방향 설정에 따라

12) 이거룡, 「몸 또는 욕망의 사다리」, 한길사, 1999.

서 다양하게 나타난다. 그것은 우리가 외부에 감응하는 방식, 그리고 우리 자신의 상태에 대해 경험하는 방식을 의미할 수도 있다. 감각이란, 곧 주체 내에서 만들어지는 인상(impression)이라는 말이 된다.

인간이 인식을 할 수 있는 것은 감각/지각, 상상력, 기억, 오성/이성, 조작력(도구를 조작할 수 있는 능력) 등이 있기 때문이다. 이 중에서도 감각이 가장 원초적이다. 감각을 뜻하는 그리스어 'Aisthesis'는 오늘날 '운동선수(Athlete)', '감성론, 미학(Aesthetics)' 같은 말들에 남아 있다. 라틴어의 번역이 'Sensus'이고, 오늘날의 'Sense'에 해당한다. 'Aisthesis'는 감수성(感受性)을 뜻하기도 하고 감성(작용)/감각(작용)을 뜻하기도 한다. 오늘날의 'Sensitivity'와 'Sensibility'를 함께 뜻한다. 두 개념은 본래 같은 뿌리에서 나온 것이지만, 전자가 인간의 성격에 주안점을 둔 개념이라면 후자는 보다 인식론적 관점에서 나온 개념이다. 'Sensibility'는 '감각 가능성' 또는 '가감성'이라고 번역할 수 있다.

감각은 앞에서 살펴본 감성과 감정의 가장 초기 단계이며 대상을 지각하는 기관이다. 우리의 자아는 몸이 감각지각하는 것 자체이며, 그것이 전체성의 몸(holistic body)인 것이다.

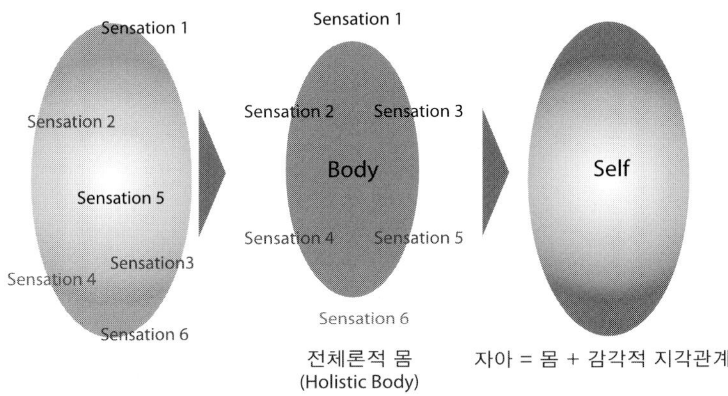


[그림_18] 전체성으로서의 몸

## B. 시각중심에서 촉각으로; Visual centric & tactile

고대 그리스와 근대사회는 시각 중심의 사회였다. 르네상스 시대의 '오감의 위계질서' 중에서 청각과 시각의 지위가 역전되어, 시각이 우위에 서게 된 것은 확실히 자연적 감성으로의 관능이 해방되었다는 사실과 관련이 있다.

인간의 눈은 막으로 둘러싸이고 뼈로 된 반원형 구멍 속에 놓인 촉촉한 구(球)이다. 수정체 앞쪽의 결막, 홍채, 각막과 그 반대편의 공각, 망막, 맥락막이 투명한 벽으로 나뉘고 액체로 가득 찬 세 개의 방 주위를 탱탱히 둘러싼 채 시각이라는 기적을 만들어낸다. 복잡한 굴절과 축소 과정에서 빛이 일단 망막(망막은 극히 미세한 세포층 열 겹으로 이루어져 있으며 사실상 뇌조직의 일부)에 닿으면, 광학적 과정에 의해 신경세포의 점화 패턴으로 전환되면서 '영상'이 신경 신호로 바뀌게 된다. 이처럼 '본다'는 행위는 시각에서 시작해 전기적 자극으로 끝난다. 다윈은 눈을 "지극히 완벽하고 복잡한 기관"으로 분류했다.

고등 정신작용에 대한 비유를 보면, 눈이 어떤 감각기관보다 중요시됨을 알 수 있다. 고대에 지성은 곧 '자연의 빛'이었다. '반짝이는' 생각이 떠오릴 때 '빛이 보인다'라고 하고 많은 언어에서 '시각'이란 말은 '이해'라는 부차적 의미를 갖는다.

눈은 '마음의 눈'이라는 내적인 짝을 가진 유일한 감각기관이다.[13] 근대 문명은 촉각과 분리된 채로 시각이 우위에 선 방향으로 나아갔으며 사물과 자연 사이에 거리를 두고, 시각이 우위에 서서 이들을 대상화하는 방향으로 걸어왔다.

근대 투시 화법의 기하학적 원근법과 근대 물리학의 기계론적 자연관, 그리고 근대 인쇄술은 이러한 방향을 대표하는 산물이며, 동시에 이러한 방향을 강력하게

13) Douwe Draaisma , Paul Vincent(Translator) 「Metaphors of Memory: A History of Ideas about the Mind」, Cambridge University Press, 2001.

추진해 온 것들이라고 할 수 있다. 그러는 중에 시간과 공간도 우주론적 의미를 빼앗겨 성스러움을 잃어버렸다. 또한 원근법에 근거한 착각 효과가 이용되어, 일반적으로 시각상의 어느 한 점을 정해 거기에 수렴되듯이 그린 것이 곧 눈에 보이는, 질서 있는, 영속적인 그림이라고 하는 또 다른 환영이 생겨나게 되었다.

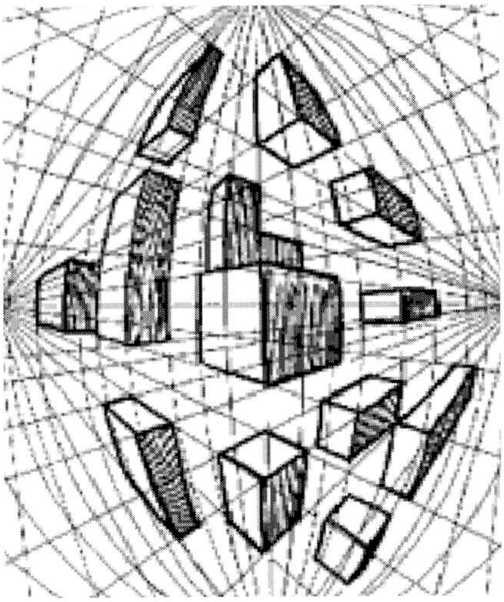

[그림_19] 기하하적 원근법과 인쇄술 (출처: 서양건축사 '시간과 공간')

서양사를 통해 우리는 서구인들은 전통적으로 그리고 올바르게 문자를 문명의 원천으로 간주해 왔으며 서구의 문헌들을 문명의 도달점을 보여주는 것이라고 생각해 왔다. 그런데 이 모든 것과 더불어 수(數), 즉 과학의 언어가 그림자처럼 우리와 함께 했다. 따로 떼어 놓고 보면 수는 쓰기(혹은 문자)와 마찬가지로 신비로운 것이다. 수는 [그림 20]에서처럼 우리의 신체의 확장으로 파악할 때 쉽게 이해할 수 있다. 문자가 우리의 가장 중립적이고 객관적인 감각의 확장이자 분리인 것과 마찬가지로 수는 우리의 친밀하고 상호 관련된 활동, 즉 우리의 촉각의 확장이자 분리이다.

그리스인들이 '접촉 결합의 Haptic' 감각이라고 부른 이 같은 촉각의 기능은 1920년대 독일의 폴 클레(Paul Klee), 월터 그로피우스(Walter Gropius) 등 많은 예술가들의 작품을 통해 이루어진 바우하우스 감각 교육 프로그램에 의해 일반화되었다. 예술 작품에 일종의 신경 조직 혹은 유기적 통일성을 제공하는 것으로서의 촉각은 세잔 이래로 예술가들의 마음을 사로잡아 왔다. 현대의 예술가들은 1세기

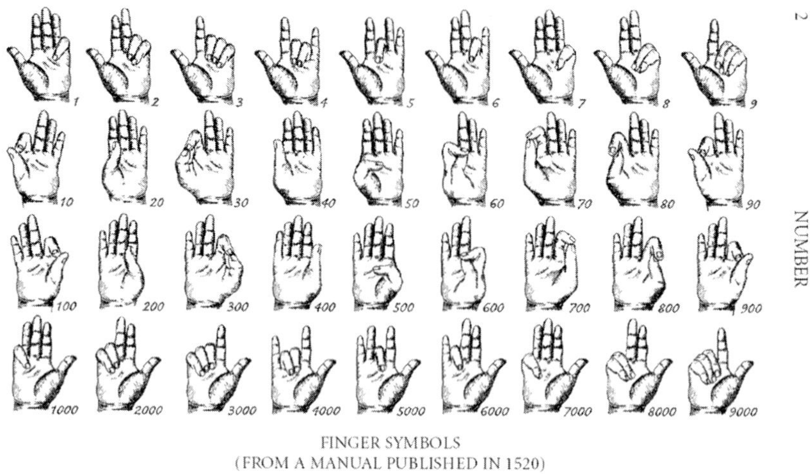


[그림_20] 몸으로 표현되는 수
(출처: From Tobias Dantzig, Number: The Language of Science. Macmillan Company, 1954)

이상 동안 다른 모든 감각들을 통합하는 신경 조직의 역할을 촉각에 부여함으로써 전기 시대의 도전에 대처해 왔다. 역설적이게도 이는, 하나의 예술 작품에 낡은 회화적 이미지의 인습적인 형해(形骸)가 아니라 중추 신경 조직을 부여하는 '추상회화' 의해 달성되었다. 촉각이 통합적 존재에 필수불가결하다는 사실은 점차 사람들에게 인식되었다. 우주선 안의 무중력 상태에 있는 승무원은 촉각이라는 통합하는 감각을 유지하기 위해 애쓰지 않으면 안 된다. 촉각은 우리의 의식적인 내면생활에서 감각들 간의 상호 작용을 구성하고 '사물' 들과의 단순한 피부 접촉이 아니라 '정신' 속에서의 사물들의 생명 그 자체일 것이다. 그리스인들은 각각의 감각을 다른 감각으로 전환시켜 인간에게 의식을 부여해 주는 합의(consensus), 즉 '공통 감

각(common sense)' 능력이라는 개념을 갖고 있었다.

통일적이고 연속적인 작은 조각(비트)들이 무한히 반복 가능하다는 구텐베르그의 기술적 특성은 그와 밀접한 관련이 있는 미적분의 개념을 산출하는 데도 기여했다. 그리고 이 미적분 방법에 의해 어떠한 울퉁불퉁한 공간도 연속적이고 평탄하며 획일적이고 합리적인 공간으로 치환되어 다루어질 수 있었다. 그런데 이러한 무한 개념은 논리에 의해 우리에게 부과된 것이라기보다는 구텐베르그의 산물이었다. 이 점은 훗날 산업 시대의 조립 라인에 있어서도 마찬가지다. 어떠한 과정이든 단편화하여, 선적인 연속체로 위치지음으로써 지식을 획일적인 기계 생산으로 바꾸어 놓는 힘은 바로 인쇄술의 본질이었다. 스스로 자기 증식하며 공간을 재단해 가는 이 놀라운 테크닉은 메아리처럼 퍼져나가 마침내 수와 촉각의 세계에까지 영향을 미치기에 이르렀던 것이다.[14)]

대부분의 테크놀로지는 감각의 증폭을 가져오는데, 이는 테크놀로지가 여러 감각을 분리하는 데에서 선명하게 드러난다. 라디오는 청각의 확장이며 실물에 아주 가까운 사진은 시각의 확장이다. 그러나 무엇보다도 촉각의 확장은 모든 감각들 사이의 최대한의 상호작용을 일으킨다.

14) Marshall McLuhan, 「Understanding media」, The MIT Press, 1994.

## C. 공감각; Synesthesia

우리 뇌의 모든 능력과 과정은 반사(reflex)와 반영(reflection)이라는, 기능의 양 극단을 가리키는 두 개념 사이에 위치한다. 기억의 정신기관에서도 신체기관에서처럼 고정적 회로를 사용하고 선천적 기제에 의해 실행되는, 순전히 자동적인 반사 작용이 이루어진다.

반사의 반대쪽에 반영이 있다. 자발적 기억과 관련된 반영은 우리가 우리 기억 속에서 일어나는 일을 감독할 수 있는 내성적 경험을 제공한다.

아이러니하게도 반사와 반영이라는 양극단의 어원은 동일하다. 둘 다 '거울처럼 반영한다(mirroring)' 는 의미와 관련된 것이다. 17세기의 반사는 신속한 반응을 필요로 하는 강렬한 감각 자극에 대해 즉각적인 움직임이 '튀어나오는' 것을 의미했다. 한편 반영은 기억 속의 사고와 표상이 의식에 '비춰진다.' 는 인식 때문에, 오직 인간에게서만 나타나는 묘한 중복을 낳았다. 즉 인간만이 생각하는 동시에 생각함을 알며, 기억하는 동시에 기억함을 안다.[15] 이는 다감각에 대한 경험(Multi-sensory experience)이며, 어떠한 사물에 대한 경험은 시각이나 촉각, 이러한 단일한 감각에 의해서만 이루어지는 것이 아니라 여러 감각이 공통적으로 작용하여 경험을 제공하고 기억으로 저장되는 것이다.

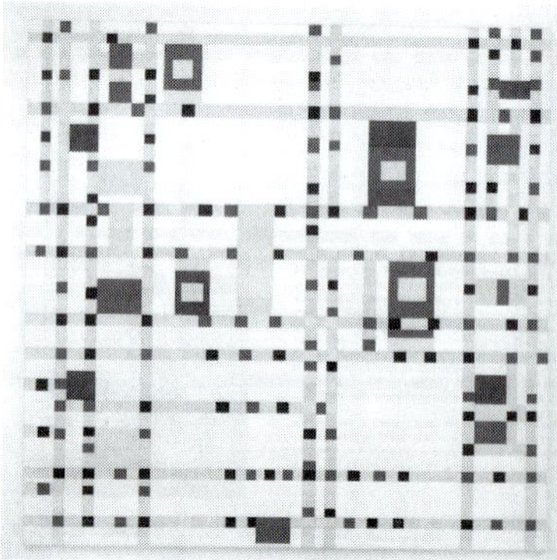

[그림_21] 몬드리안의 브로드웨이 부기우기, 1943
(출처: 뉴욕 근대 미술관에 소장)

공감각(synesthesia)에 대한 연구는 18세기부터 거론되기 시작했다. 몬드리안의

15) Douwe Draaisma, Paul Vincent(Translator) 「Metaphors of Memory: A History of Ideas about the Mind」, Cambridge University Press, 2001.

브로드웨이 부기우기, 멘델스존의 핑겔 동굴 서곡, 무소르부스키의 전람회의 그림, 그리고 보들레르의 시가 공감각을 표현한 대표적인 예이다.

아리스토텔레스에 의하면, 공통감각은 서로 다른 감각을 식별하고 비교하는 작용 외에도, 감각 작용 그 자체를 느낄 수 있을 뿐 아니라, 어떠한 개별 감각에 의해서도 파악되지 않는 운동, 정지, 형태, 크기, 수, 통일성 등을 지각할 수 있다고 한다. 또한 상상력이란 공통감각의 파토스(Pathos)[16]를 재현하는 작용이라고 한다. 더 나아가 공통감각은 감성과 이성을 결합하는 것으로 이해되기도 한다.

근대 문명의 예리한 비판자인 장자크 루소(J.-J. Rousseau)는 '에밀' 제2편에서, 시각은 유능한 감각이지만 오류를 범하기도 쉽다는 점을 문제 삼고 있다. 게다가 유능한 감각인 시각이 그러한 결점에서 벗어나기 위해선 어떻게 하면 좋을까 자문하면서 다음과 같이 답하고 있다. 시각을 다른 감각, 특히 반대 성격을 지닌 촉각에 종속시키는 것, 즉 시각의 성급함을, 둔중하지만 확실한 촉각의 지식으로 억제하는 것이 필요하다. 우리들은 대개 높이, 길이, 깊이, 거리 등을 한눈에 정확하게 알아낼 수 없다. 그렇지만 이는 일반적으로 생각하듯이 감각이 잘못 판단한 것이 아니라 오히려 우리들이 감각을 잘 사용할 줄 모르기 때문이다. 그 증거로서 숙달된 기술자, 측량사, 건축가, 석공, 화가 등을 살펴보는 것이 좋을 것이다. 그들은 늘 다른 감각, 특히 촉각을 통해 시각을 음미하고 억제하고 있다. 그렇기 때문에 한번만 보고도 우리들보다 정확하게 알 수 있는 것이다. 게다가 루소는 아리스토텔레스가 사용한 의미에서의 '공통감각'의 작용에 주목해서 다음과 같이 쓰고 있다.

16) 파토스(Pathos): 정념 · 충동 · 정열 등으로 해석되며 로고스와 상대되는 말이다.

"공통감각이 공통감각이라고 불리는 것은, 모든 인간이 공통으로 지니는 감각이기 때문이 아니라, 개개의 감각들을 규율에 맞게 올바르게 사용함으로써 생기는 감각이기 때문이다. 또한 여러 감각이 전달하는 사물의 모든 외관을 서로 결부시킴으로써 우리들에게 사물의 본성을 가르쳐 주기 때문이다. 따라서 이것은 '제6감'이라 부를 수도 있다. 이는 오감과 비슷한 특별한 감각을 가진 여섯 번째라는 뜻이 아니다. 그것은 여러 감각을 결합하는 작용을 하며 오로지 뇌 속에만 존재한다."[17)]

공감각은 감각의 동기화를 일으킨다. 하나의 감각은 마음을 통해서 다른 감각과 동기화 될 수 있다. 사람들의 마음속에 일치하는 부분이 있고 이를 통해 반영(reflection)이 일어난다.

세익스피어의 고전을 보고 공감할 수 있는 것이 곧 반영이다. 반영은 자기가 만들어야 하고 인식 단계(cognitive process)가 있어야 한다.

하나의 감각은 몸 전체의 반응을 이끌어 내기 위해 다른 감각으로 전이된다. 모래로 만들어 놓은 결들은 우리의 눈을 통해 보이지만 그것은 우리에게 '푹신하

[그림_22] 시각의 촉각적 전이 (출처: 은각사 '긴가쿠지')

17) 나카무라 유지로 저, 고동호 역, 「공통 감각론」, 민음사, 2003.

다', '사각사각하다' 라는 느낌을 갖게 해 준다. [그림 22]는 시각이 촉각, 혹은 청각 등으로 전이되는 예를 보여준다.

공감각이라는 것은 오스트리아의 심리학자 하인츠 베르너(Heinz Werner)의 '발달심리학서설(1926)' 에 의하면 "어느 특정의 자극이 그것에 특수하게 대응하는 감각을 불러일으키는 것에 그치지 않고 그 감각과 복합하여 있는 다른 감각마저도 불러일으킨다."라는 현상을 말한다.

건축가 르 꼬르뷔제(Le Corbusier)도 미적 체험에 있어서 '공감각' 의 근원적 의미를 이해하고 있었던 사람 중의 한 명이다. 오장팡과 잔느레(르 꼬르뷔제)는 '근대회화' (1924)에서 다음과 같이 서술하고 있다. "선과 형에 따라 우리 눈이 움직일 때, 근육적이며 주회적인 감각이 우리의 상태를 변화시킨다. 이 근육적, 주회적 감각은 상호 중첩된다. 그리고 하나의 작품은 우선 감각의 교향악을 상기시키고, 계속해서 이런 감각이 이번에는 연상의 교향악을 상기시켜, 이것이 우리의 전신감각과 우리의 의식적 자아를 감동시키는 것이다." 르 꼬르뷔제는 '미(美)' 에 대해서도 또한 '감각의 역할' 을 강조하고 있다.[18)]

*"주체의 측면에서 상식/공통감각은 영혼의 다양한 능력들을, 또는 신체의 분화된 기관을 표함하며, 그들을 자아 (Moi)라고 말할 수 있는 하나의 통일성에 관련짓는다. 지각하고 상상하고 기억하고 인식하고 하는 것은 유일하고 동일한 자아이다. 객관의 측면에서 상식/공통감각은 주어진 다양성을 통일시키며 그것을 대상의 특수한 형상이나 세계의 개별화된 형상의 통일성에 관련시킨다."* [19)] *(Gilles Deleuze)*

18) 아게마츠 유유지 저, 이두열 역, 「건축공간의 미학」, 현대건축사, 2000.
19) Gilles Deleuze, 「Logique Du Sens」, Editions de Minuit, 1982.

들뢰즈(Gilles Deleuze)는 철학이 개념을 창조하고 과학이 기능을 창조한다면 예술은 감각을 창조한다고 말한다. "예술은 감각들의 집적, 말하자면 지각들과 정서들(affections)의 복합체"라고 말한다.[20] 여기서 감각은 근대 철학에서 이야기하는 지각의 개념이 아니라 신체와 환경이 만나는 그 지점에서 발생하는 존재론적 사건이자 현상이다. 유기체와 환경이 만나는 사건은 주체와 객체가 주어지는 그 자체인 것이다.

19세기에 들어와 하나의 자극을 동시에 둘 이상의 감각으로 지각하는 공감각이라는 현상이 발견되었다. 실제로 많은 예술가들이 공감각의 능력을 가지고 있는데, 알파벳에서 색깔을 보는 랭보, 회화에서 음악을 들었던 칸딘스키 등이 대표적이다. 전통적인 감각론이 감각을 구별하고 위계질서를 만들려고 했다면 들뢰즈는 미분화된 기관 없는 신체에 의해 감지되는 감각의 원초적 통일성으로서의 리듬 속에서 감각들의 교차와 횡단을 본다.

## D. 운동감각; Kinesthesia

인간에게는 시각, 청각, 후각, 미각, 촉각의 5관외에 운동과 신체 평형에 관여하는 감각 기관이 있다. 시각을 사용하지 않고 팔, 다리의 위치나 운동의 방향 및 속도와 손가락의 굴신 여부를 알 수 있는데 이 감각을 심부감각(Deep sensation)이라고 부른다. 이것은 근육, 힘줄, 및 관절에 있는 감각기가 들뜬 상태가 되기 때문인데, 이러한 감각기들을 체성감관(Musculature)이라고 부른다.

체성감관은 근육, 건, 뼈의 표면, 내장을 둘러싼 근육 조직 등 피하 조직이 퍼

20) Gilles Deleuze, 「Qu'est-ce que la philosophie?」, Editions de Minuit, 1991.

져 있는 수용기이다. 이들 감관은 주로 신체 자체의 작용에 의해서 자극된다. 체성 감관 중에도 관절 주위에 집중되어 있는 근육 운동(Kinesthetic receptor)은 팔 다리 운동의 식별에 관여한다.

철학자 베르그송(Henri Bergson)은 신체를 근본적으로 볼 때 결정성 속에 있는 비결정성의 중심이라고 본다. 동물계열을 따라 발전한 인간의 신체성의 의미를 감각-운동체계로 설명한다. 신체의 본래적인 의미는 지각적 인식의 기초가 되는 '운동성'과 '감각-운동체계'에 의해 규정된다. 우리의 신체는 현재의 측면에서 보면 감각-운동체계이다. 그러나 지속의 관점에서 보면 그것은 관념-운동적이다. 즉 과거의 기억들이 현재적 지각 속에 현실화되는 활동성이다. 신체는 세계 속에 단번에 삽입되어있고, 정신은 신체를 통해 세계 속에 삽입되어있다. 신체는 다른 물체들과 상호작용하는 고유한 기능이다. 신체는 다른 이미지들의 영향 아래 수동적으로 머물지 않고 주변지역을 탐사하고 여러 가능한 작용들을 미리 그려본다. 따라서 나의 신체를 둘러싸고 있는 대상들은 그것들에 대한 나의 신체의 가능한 작용을 반영하고, 지각은 이미지들의 전체 속에서 나의 신체의 가능적 또는 잠재적 작용들을 그린다. 신체는 자신과 무관한 외적 작용들을 통과하게하고, 이렇게 분리된 것들은 이 분리 자체에 의해서 지각이 된다. 우리의 신체는 반작용하는 어떤 자발성이기 때문에 외적 이미지들의 작용은 이 자발성의 중추에 부딪힐 때 그만큼 줄어든다. 나의 신체의 존재방식으로부터 의식적 지각들과 정념들이 생겨난다. 내부로부터 인식되는 의식 존재의 특성을 잘 보여준다. 신체는 지각과 행동사이에 팽팽하게 이어진 신경계의 감각-운동적 평형을 이룬다.

감각-운동체계는 생명체의 삶과 직접적인 관련이 있다. 감각-운동능력은 생명의 가장 원초적인 형태에서부터 나타나는 본질적인 기능이다. 생명체를 형성하는 나머지 기능들, 즉 소화기능, 호흡기능, 순환기능 등은 감각-운동 기능을 유지하기 위한 목적으로 존재하는 기능들이다.

지각과 기억, 또는 신체와 정신은 항상 침투하고 일종의 삼투압 현상으로 실질의 어떤 것을 항상 교환한다. 정신과 신체의 상호관계의 가능성이 거기서 생겨난다. 지각과 정념은 모두 신경계와 관련된 현상이지만 그것들이 생산되는 방식과 실제적 의미는 서로 다르다. 모든 감각과 지각들은 운동으로 연결된다. 감관의 교육이란 감각적 인상과 그것에 잇따라 일어나는 운동 사이에 세워진 연결들을 견고하게 하는 것이다.

지각은 신경적 요소가 우리 신체 밖의 세계와 관계할 때 생겨난다. 신경계의 목적이 인상과 운동 사이에 무한한 연결을 세우는 것이라면 우리지각의 본성은 사변적인 것이 아니다. 사실상 어떤 대상이 우리에게 친숙함의 느낌을 주는 것은 이 대상의 지각이 그것에 동반된 운동들을 체계적인 방식으로 조직화하고 있기 때문이다. 구체적인 지각들은 기억과 융합되어 있다. 지각은 물질로부터 받은 진동이 필연적인 반응으로 연장되지 않는 바로 그 순간 나타난다. 순수지각을 신체의 활동에 의해 굴절이 방해된 반사현상이라고 한다. 그것은 빛이 반사될 때 생겨나는 잠재적 이미지이자 일종의 신기루효과이다. 신체의 운동과 대상에서 오는 진동의 마주침에 의해 형성되는 것이므로 지각표상은 대상과 실재로 접하고 있다. 순수지각은 사물에 관한 우리 인식의 기초이며 기억의 층에 덮여 그것과 혼합되어 사실적이기보다는 권리적으로 존재한다. 순수지각은 물질과 정신을 매개하는 것으로 우리 신체의 의미와 함께 다루어진다.

# Embodiment_lived body

체험되어지는 몸

*"신체는 스스로를 움직이며 동시에 보는 것이기 때문에, 그것은 자신을 중심으로 사방에 있는 사물들을 붙잡아 놓고 있다."* *(메를로 퐁티, 눈과 마음 중에서)*

*"건축을 구성하고 이해하는 것은 바로 신체(몸)이다"* *(다다오 안도, Shintai and space, 1988)*

1960년대 이후, 현대건축의 흐름은 건축공간과 형태가 인간의 지각과 의식에 미치는 영향을 중시하는 방향으로 전개되어 왔다. 인간성 회복을 위한 건축을 만들어야 한다는 여러 주장들에서 발견되는 주변 환경과의 조화, 장소성의 존중, 토착적인 자연 재료 사용, 전통에 뿌리를 둔 형태 언어의 채택, 건축 공간과 형태를 경험하는 인간의 신체의 중심성 등과 같은 개념들이 바로 그것이다. 신체상 이론에 바탕을 두고 있는 장소의 영역성과 신체의 중심성(찰스 W.무어), 신체의 능동적 참여에 의한 구체화 개념들을 발

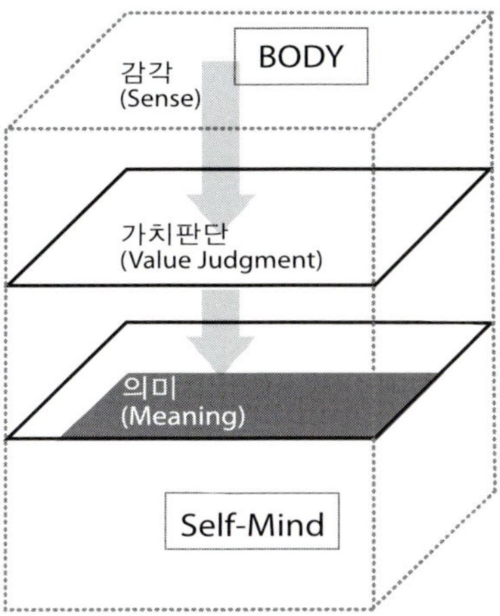


[그림_23] 의미의 생성과정

견할 수 있다. 이러한 디자인 접근 태도는 건축의 텍스트성과 미정성의 다층 구조가 만들어 내는 의미의 다양성과 수용자 중심의 체험과정을 중시한다.[21)]

몸은 의미를 만들어 내는 하나의 형틀이며 자아의 중심이다. 용기(container)란 무언가를 담는 것이고, 그 안에 담긴 것은 용기의 모양에 따라 달라진다. 몸은 외부 환경을 감각하여 담아내고 몸으로 감각된 것들은 몸의 가치판단(Unconscious value judgment)에 따라 선택되어 재해석된다. 마찬가지로 외부 환경이 우리 몸속에 담길 때는 하나의 사물로써가 아니라 몸이라는 용기체에 담긴 하나의 의미(meaning)로 변화된다.

외부환경을 지각하고 그 의미를 담는 것의 중심은 우리 몸에 있다. 우리는 몸을 통해 감각하고 선별적으로 인식하여 그 의미를 몸에 담아 외부환경과의 상호작용을 가능하게 한다.

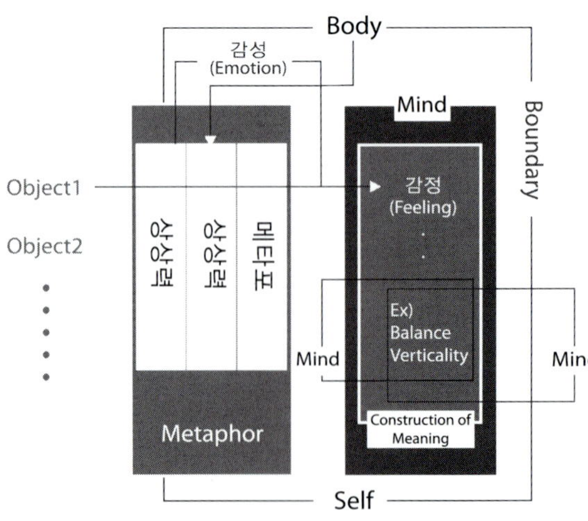


[그림_24] 몸. 의미를 만들어내는 형틀

21) 길성호, 「수용미학과 현대건축」, 시공문화사, 2003.

건축의 텍스트성은 수용자의 인지구조와 신체의 중심성 뿐만 아니라 작가의 의도와도 밀접하게 연결되어 있다. 이 점에서 우에마 쓰유지는 건축가의 자의식 및 작품의 효과구조가 수용자의 미적 경험과 일치해야 하는 중요성을 강조한다. 그는 "건축 작품의 진정한 이해와 체험은 건축가에 의해 미리 이루어지는 공간 예체험과 관찰자의 공간 체험이 만나고, 건축가에 의해 미리 이루어지는 감각 예체험과 관찰자의 감각 체험이 만나 결국 건축가의 자아와 관찰자의 자아가 서로 만나는 것"이라고 설명한다.

공간 예체험은 건축가가 작품의 효과구조를 통용자에게 경험시키고자 하는 예정된 체험이며 건축가는 이것을 가상적으로 관찰자는 실제적으로 체험한다는 것이다. 이러한 예체험의 논리적 타당성은 '작가–작품–독자' 라는 삼각 구조의 관계에서 이해할 때 가능하다. 예슈위엔도 건축가가 마음속에 구상한 상, 즉 개념(concept)은 작가의 창조와 독자의 재창조가 심의를 통해 서로 통하는 과정을 거치게 된다고 말한다. 그는 인간의 심상과 관련된 공간을 '5차원 공간' 이라고 말한다. 인간은 현상적인 공간에 대한 지각과정을 거쳐서 심상을 형성하며 이로부터 정서가 발생된다. 이 때문에 건축가는 자신의 심상이 독자의 심상 속에 재창조되어 체험될 수 있도록 해야 한다는 것이다.[22]

22) ibid.

# Body Metaphor

유비쿼터스 기술과 환경

# PART 2. INTERPRETATION

Why metaphor?

Sensory Input & stimulation

Metaphor & mapping

Conscious & unconscious

Image & imagination

Schema & schemata

Construction of meaning

Sympathy

Empathy

Ambiguity & creativity

# Why metaphor?

현상을 이해하기 위한 도구

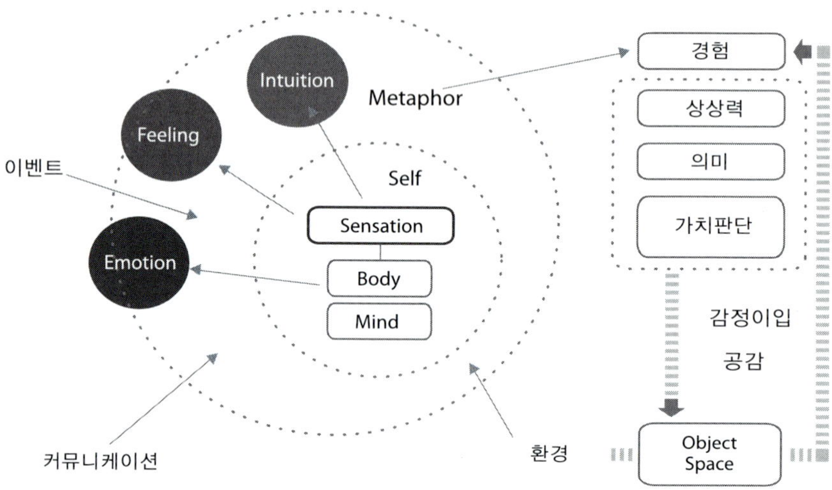


[그림_1] 메타포 과정

Part 2에서는 메타포(Metaphor)를 이해하기 위한 과정을 심도 있게 여러 분야로 나누어 보기로 한다. 인간은 감성을 통해서 자아정체성(Self-identity)을 확인하고 확장할 수 있으며 상호작용(interaction)을 통한 현상을 이해하기 위한 도구로써 메타포를 사용한다. 메타포란, 몸의 감각지각을 통한 의식적, 무의식적인 경험을 상상력을 통해서 가치를 생성하고 새로운 의미로 전환하여 저장하는 과정이다.

우리는 자아정체성을 확인하고 확장하기 위해 어떠한 환경과 디자인이 필요한지 생각해 보아야 한다. 앞장에서 살펴본 몸과 감각의 관계는 사용자가 공간과 대상을 어떻게 감각하고 지각해서 대상을 메타포하고 의미를 부여하며, 환경과 유기적으로 반응하는지를 보여주었다.

이번 장에서는 한때 포스트모던 시대에 풍미하였고 이미 한 시대를 지나간 유물로써만 인식되어지는 메타포 과정(Metaphoric process)을 현대 시대를 통해 재번역해 봄으로써 또 다른 진화된 디자인 과정에서의 가능성을 살펴보자.

# Sensory input & stimulation

## 감각적 수용과 자극

우리가 어떤 외부의 자극(stimulation)을 받아 말초신경-척수-뇌-척수-말초신경-행동으로 가기까지 몇 초의 시간이 걸릴까? 누구나 한번쯤은 궁금해 했을 이 물음의 답은 약 20분의 1초이다. 신경의 축삭(axon)[1)]을 통해 신호가 전달되는 속도는 천분의 일초단위의 시간이 소요된다고 한다. 예를 들어, 책을 소리 내어 읽을 때 신경전달과정은 눈이라는 시각을 통해서 자극이 들어오고 어떤 상이 각막과 수정체 유리체를 통과해서 망막에 맺힌다. 망막의 시각세포인 원추세포와 간상세포는 빛에 의해 자극이 생기고 이러한 자극은 신경세포로 들어간다. 그 자극은 대뇌피질의 시각중추로 가서 문장을 이해하고 베로니카영역으로 가서 문장을 구성하고 발성 및 조음 기관의 운동으로 명령을 내려 신경을 따라 내려와서 말을 하게 된다. 이처럼 우리가 일상적으로 행하는 모든 행동들은 복잡한 신경전달과정을 거치며 기억으로 저장된다.

여기서 우리는 의식적 혹은 무의식적으로 어떤 데이터를 저장하는 과정의 시작인 '감각기관(sensory system)을 통한 자극' 에 대해서 생각해 볼 필요가 있다. 자극은 생물체의 특정한 활동을 일으키는 외부의 조건 변화를 말한다. 일반적으로 반사

1) 신경 섬유의 축색 돌기

적이거나 전신적인 비교적 짧은 시간 내의 변화를 가리키기도 하지만, 성장기의 환경처럼 긴 시간적 변화로서의 자극을 생각해 볼 때, 좋은 환경에서 자란 아이가 어른이 되어서 인격과 사고방식에 결정적 영향을 미친다는 점은 후천적 환경의 중요성을 시사하고 있다.

어린아이의 두뇌는 말랑말랑 유연하여 환경의 영향을 크게 받으며 언어 습득도 빠르다. 이는 태어날 때 350g에 지나지 않는 뇌가 생후 1년이 되면 거의 1,000g에 이르게 되고 뇌세포의 숫자는 거의 고정돼 있지만 세포와 세포 사이를 잇는 뉴런간의 결합이 발달하기 때문이다. 이러한 뉴런 간의 결합이 강해지도록 만드는 것은 경험과 감각이다.

뇌의 기본 단위는 세포(cell)이며 이러한 신경세포들과 신경 섬유들을 뉴런(neuron)이라 부른다. 이러한 뉴런 간의 연결을 시냅스(synapse)라 부르며 전체 뇌의 활동, 즉 의식적 마음에 의해 경험된 각성과 일시적인 기분은 수많은 시냅스를 적시고 있는 신경 전달 물질들의 영향을 받는다.

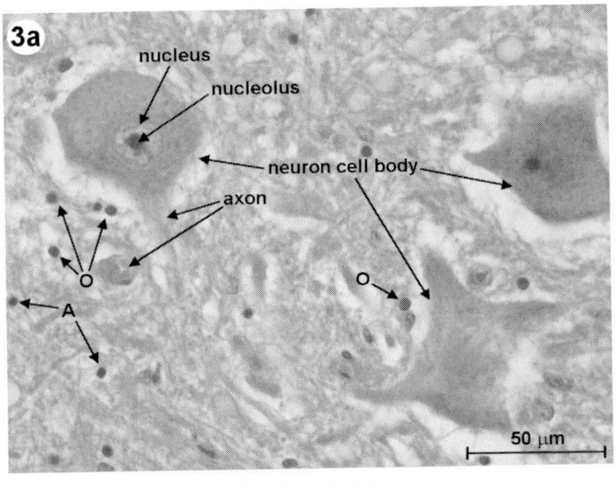


[그림_2] 척수의 단층

뉴런의 체계들은 신호를 받고 중계하는 네트워크를 이룬다. 이러한 체계들은 다른 복합체들과 교신함으로써 새로운 체계를 만들고 쌍방향의 회로를 형성한다.

이처럼 뉴런을 연결하는 시냅스의 회로 밀도가 가장 높아지는 것은 10살쯤이다. 이어서 사춘기에 접어드는 12살이 되면 시냅스의 숫자가 점점 줄기 시작한다. 이 시기에는 가치 시스템(value system)에 따라 자꾸 쓰는 것은 강화되고 불필요한 시냅스를 솎아내는 작업이 활발하게 이루어지면서 뇌는 있는 것을 지키려고 한다. 결국 생존경쟁에서 살아남고 강화된 시냅스가 인격을 만들고 마음속의 독특한 감정 패턴이나 사고방식을 만들어 낸다.

따라서 교육은 유년기에 가능한 많은 시냅스 연결을 만들고 유지하도록 모아져야 하며 풍부하고 다양한 상황과 환경적 자극이 주어져야 한다. 뇌는 자극을 먹고 살기 때문이다. 콘크리트 건물에서 자란 아이와 자연에서 자란 아이는 분명한 차이를 보인다. 이러한 측면에서 공간은 좋은 자극을 줄 수 있는 방향으로 디자인되어야 하는 것이다.

사람의 뇌는 인간의 진화역사와 같이 진화해왔으며 그 결과 인간의 본성이라 할 수 있는 것이 생겨났다. 이는 마음이라고도 할 수 있으며 많은 뇌 과학자들이 물리적인 과정으로 마음에 대해 설명하고 증명하고자 노력하고 있다.

하버드대의 저명한 생물학자 에드워드 윌슨(Edward O. Wilson)은 사회생물학과 진화심리학 등으로 인간의 마음과 본성에 대해 설명하고자 하였고 그의 대표작인 'Consilience; 통섭' 에서는 마음이 의식 경험과 잠재의식 경험의 흐름이고 마음의 뿌리에는 감각 인상의 암호화된 표상과 기억 그리고 감각적 상상이 있다고 하였다. 그러나 에드워드 윌슨과 같이 제3의 문화를 이끄는 과학적 사상가들이 선포하는 견해들은 종종 과학적 사업 및 인문학과의 관계에 대해 일차원적 시각을 취한다. 윌슨은 인문학들이 '합리화'가 되어야 하며, 그들의 '경험주의 결여'가 환원주의적 과학에 의해 수정되어야 한다고 주장한다. 그의 이데올로기는 기술적으로는 진실이지만 별 의미가 없다. 왜냐하면 모든 문제의 최선의 답이 양자역학에 있지는 않기 때문이다. 신경과학은 뇌를 묘사하는 게 유용하고, 물리학은 무기적 자연의 논리성을 밝히는 데 유용하며, 예술은 우리의 실제경험을 묘사하는 데 유용하다. 다중적인 차원들의 공존은 기꺼이 받아들이는 것이라야 한다.

자극은 메타포과정의 시작이다. 우리 몸의 감각기관을 통한 외부환경의 변화는 감정적 느낌, 경험, 기억 등을 활성화시키고 다양한 의미로 저장한다. 메타포를 통해 창조된 의미들은 문화를 이루며 문화적인 진화를 이루는데 중요한 요소이다.

문화의 자연적인 요소는 의미기억을 통해 잘 조직된 구성요소들이라 할 수 있으며 '이기적 유전자'에서 리처드 도킨스(Richard Dawkins)가 이미 말한 바 있는 밈(meme)[2)]을 통해 문화 또한 진화된다.

이러한 점들을 미뤄 생각해 보면 문화가 창의적으로 전달되고 진화되는데 커다란 영향을 끼치는 것이 바로 메타포라고 할 수 있는 것이다.

2) 밈(meme)이란, 언어나 문화와 같은 부분도 유전자처럼 진화하며 게다가 속도는 유전적 진화보다 비교할 수 없을 만큼 빠르다고 하며 문화적 유전의 특징과 유전적 진화와의 유사성을 다루고 있는데, 이 부분은 이후 많은 학자들이 사용하고 있는 보편적인 용어가 되었다.

# Metaphor & mapping

## 메타포와 맵핑

메타포(Metaphor)는 '옮기다(transport)' 또는 '전이하다(transfer)' 라는 뜻을 가진 그리스 동사 'metapherein' 으로부터 유래된다. 메타포란, 하나의 의미영역을 다른 의미영역으로 전이시킬 때 상상력이 동원되는 것을 의미한다. 또한 하나의 영역(domain A)에서 다른 영역(domain B)으로 의미를 전달하는 역할을 한다. 즉, 메타포는 기호와 의미 간의 연결, 혹은 기억 속의 것과 현재의 것 간의 연결과 같은 하나의 다리이며, 서로 다른 영역 사이에서 같은 것을 이식시키는 것으로서 인간이 어떤 대상에 대한 인지과정을 할 때 일련의 관계들의 이해를 돕기 위해, 그와 비슷한 자신의 기억을 통해 그 관계성을 찾아 대상을 파악 하는 것을 말한다.

맵핑(mapping) 역시 메타포와 같이 연결 기능이 있지만 맵핑은 연결에서 양극단이 서로 같은 것이다. 다시 말하면, 맵핑은 메타포와 달리 하나의 의미영역을 다른 의미영역으로 전이될 때 심상, 즉 상상력이 동원되지 않고 그대로 전사(轉寫)되는 것을 의미한다.

메타포는 지금까지 대치(substitution), 비교(comparison), 상호작용(interaction)이라는 연이은 세 가지 관점에서 이해되었다. 비교론을 대표적으로 살펴보면, 메타포는 화자나 청자가 화제어와 매체어의 비교를 통해 유사성을 찾아내는 표현법이며, 신체적 경험을 선택해서 여러 의미로 해석(interpretation)하는 것이다. 다시 말해, 가장 기본적인 메타포는 외부의 것을 우리의 몸을 통해 받아들일 때 일어난다. 따라서 감각, 지각, 상상, 감흥, 기억, 하는 일련의 과정은 하나의 메타포 과정이다.

인간은 하루 종일 생활을 하면서 수많은 대상들을 보고, 듣고, 만진다. 거리의 간판을 보고 편의점에서 물건을 사고 음악을 듣는 것처럼 인간은 항상 지각을 하면서 살고 있다. 하지만 같은 대상에서도 사람에 따라 지각하는 것이 다르다. 그것은 대상을 지각할 때 모양의 전체적인 관계가 지각되는데 그 관계가 자신이 이미 가지고 있는 기억을 통해서 지각되기 때문이다. 인간은 자신이 보고 싶은 것만 보고 나머지는 무시한다는 폴 사이먼(Paul Simon)의 말은 우리가 무의식에 있는 기억을 메타포하여 대상을 지각하기 때문임을 잘 보여준다.

지각되어진 대상은 상상되어 진다. 이때 상상은 새로운 것으로 하는 것이 아니라 자신의 기억을 통해서 하게 된다. 새로운 대상을 지각했을 때 그것을 파악하기 위하여 자신이 가지고 있던 기억과 어떠한 관계성을 가지고 있는지 알아내고자 상상을 한다. 따라서 지각되어진 것은 기억의 메타포를 통하여 상상되어진다.

상상을 할 때 자신의 무의식적인 기억은 의식화 되어 감흥을 받게 되고 새로움을 알게 해주며 마음속에 강한 의미로 자리 잡게 된다.

메타포와는 달리 맵핑에는 해석이 없다. 정보의 전달과 같은 맵핑은 대상(object)을 대상 자체 그대로 받아들이는 것을 지향하기 때문에 선택이나 해석 등의 의미 변화가 없다.

[그림_3] 일반적인 형태의 칫솔의 새로운 디자인적 변화
(출처: [디자인칼럼] 세기의 디자이너-필립스탁의 작품세계)

우리가 화장실에서 흔히 볼 수 있는 칫솔은 이를 닦는 도구로써의 의미만 가지고 있을 뿐 그 이상의 의미를 가지고 있지 않았다. 그래서 우리는 매일 아침 화장실에서 이를 닦기 위해 칫솔을 손에 든다. 맵핑은 하나의 대상을 통해서 받게 되는 의미를 다른 곳에 전사함으로서 인간이 그것을 지각했을 때 전의 것과 똑같은 의미를 갖게 되는 것을 말한다. 하지만 칫솔의 이미지가 현재 우리가 기억하고 있는 의미와 같지 않다면 몸(body)은 그것에 대하여 파악하기 위해 상상을 하고 결국 그것이 내가 기억하고 있던 칫솔과의 관계성을 찾아낸 순간, 새로운 의미로서 메타포되는 것이다.

즉 메타포란, 무의식적인 마음이 움직이는 것으로 상상력(imagination)을 통해 저장되는 것을 일컬으며 의미를 치환(displacement), 전이(transference)하는 것이다. 이는 또한 정보를 단계화하는 것과는 다르며 우리의 마음이 진화하도록 해준다. 그렇기 때문에 메타포를 디자인에 접목하여 응용할 때 이것이 바로 우리의 상상력을 창의적으로 진화시키는 방법이 될 수 있다.

# Conscious & unconscious

## 의식과 무의식

모더니즘이 발발하기 이전에는 인간의 의식이 건축과 밀접한 관련성을 갖았다. 신과 자연으로 인간의 의식이 귀착될 경우 건축은 이데아라는 절대적인 이상향으로 귀결되었다. 이후 인간 자아를 중심으로 이성이 절대적인 존재가 되는 경우 이를 모더니즘 건축으로 본다. 20세기 초 프로이트는 무의식, 즉 이러한 신, 자연, 이데아에 주목한다. 이러한 무의식이 현재의 패러다임으로서 포스트모던 건축에까지 이르게 된 것이다.

무의식과 건축의 새로운 관계 맺기의 필요성을 우리는 은유와 환유의 근원에서부터 찾아본다. 무의식의 특성은 일상이나 건축을 바라보는 새로운 관점을 제공할 뿐만 아니라 건축에 있어 새로움과 창의성을 제공하는 중요한 근거가 된다.

프로이트는 사람의 행동과 생각에는 심리적 원인이 있고 이것을 무의식과 의식의 표출이라고 본다. 때문에 인간의 행동과 성격은 저마다 다르고 그것의 이유가 뚜렷한 경우도 있지만 애매모호함을 띄기도 한다. 인간의 무의식 영역은 인간의 과거와 현재 그리고 미래가 복합적으로 작용함으로써 나타난다. 때문에 무의식에서 의식으로 들어오기 위해서는 반드시 의식이 제공하는 언어의 도움이 필요하다. 이는 라캉의 이론으로 정립되었는데 즉 '무의식이 언어로 구조되어 있음' 이다. 현대 건축이 가지고 있는 은유와 환유는 현재 피상적으로 머물러 있으며 이것의 한계를 극복하기 위해서는 새로운 관계 맺기의 시도가 필요하다.

무의식적인 메타포 과정(unconscious metaphoric process)은 크게 3단계의 반복이다.

첫 번째 단계는 '전이(transference)' 이다. 이것은 전혀 다른 두 영역(domains) 사이에서 의미가 전이되는 것이다. 이것은 단순한 맵핑과는 달리 의미 자체가 변한다는 점에서 큰 차이가 있다. 두 번째 단계는 '연결(link)' 인데 여기서 전이된 의미는 자신의 의식적 기억(통상적으로 칭하는)과 무의식적 기억(유전학적인 새겨진)을 연결시킨다. 따라서 이렇게 재조합된 것들은 세 번째 단계인 '창조(create)' 를 통해서 새로운 의미로 나타난다. 이는 현재의 경험과 합쳐지는 것이다.

이와 같이 전이(transference), 연결(link), 창조(create)의 과정은 계속적으로 반복되어 나타나며, 이 과정이야 말로 창의적인 사고를 가질 수 있는 기본인 것이다. 따라서 다양한 분야의 학문에 관심을 가지고 책을 많이 읽는 것은 폭넓은 상상력을 키워준다.

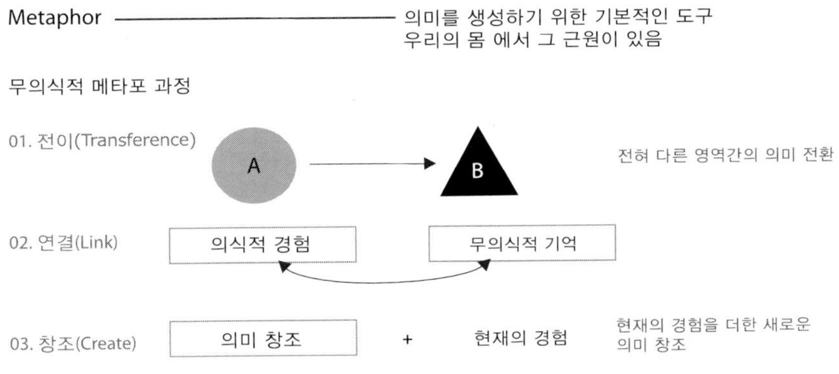


[그림_4] 메타포의 세 단계

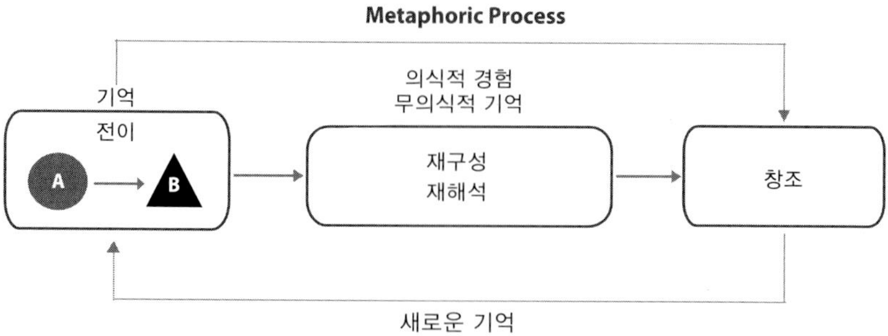


[그림_5] 의식과 무의식에 의한 메타포 과정

예를 들어 하나의 예술작품이 완성되기까지 그 과정을 살펴보게 되면 작가 자신의 지나왔던 과거나 어린 시절에 경험했던 기억들이 잠재적인 무의식으로 작용하여 어떠한 대상을 관찰할 때 그 대상이 다른 의미로 전이되고, 작업을 진행하는 동안 무의식적인 잠재의식과 의식적인 재해석과 재구성의 과정을 통하여 의식의 표층을 뚫고 작품으로 나타난 것이라고 할 수 있다. 대표적인 건축가로 프랭크 게리의 작품에서 보면 물고기의 비늘이 주는 효과가 건축 재질로 전이되고 뱀에서 볼 수 있는 유연성이 건축 기술로 의미가 전이되어 잠재되어 있던 무의식적인 기억과 의식적인 경험을 통해 새로운 형태의 창조물로 탄생하게 되었다. 새로운 창조물의 형태는 단순한 물고기와 뱀의 맵핑 과정만이 아닌 서로 관입되어 소통되는 새로운 세계로 재창조 되었다고 할 수 있겠다.

이렇듯 메타포 과정에 있어서 의식과 무의식은 전이된 대상을 재해석하고 재구성함으로써 새로운 형태의 창조물로 재탄생시키는데 큰 부분을 차지하고 있으며, 이러한 과정이 반복되어 질수록 좀 더 새로운 창조물로써 완성되어 질 수 있다.

# Image & imagination

이미지와 상상력

상상력(imagination)이란 과거에 체험했던 이미지를 재생하는 능력을 말한다. 즉 어떤 상황에 의해 생긴 감정을 하나의 형상화로 나타내는 것이다. 앞서 메타포(Metaphor)에 대해 설명한 것과 같이 상상력의 작용도 하나의 이미지가 다른 이미지로 전환되고 하나의 생각이 다른 생각과 접촉하면서 전혀 새로운 의미를 창출하는 과정을 갖는다. 바슐라르(Gaston Bachelard)는 상상력을 창조의 원동력이자 존재생성의 근원이라고 하였다. 상상력과 이미지(image)는 동전의 양면과 같이 불가분의 관계인 것처럼 이미지는 상상을 불러일으키는 힘이라고 할 수 있다.

그럼 메타포 과정에서의 이미지와 상상력은 어떤 역할을 하는가? 앞서 메타포는 유사하지 않은 영역 사이의 의미의 전환을 일으키는 과정이라고 하였다.

예를 들면 과거와 현재 사이에서의 무의식적인 메타포 과정은 여기와 지금 그리고 기억되어진 과거의 의미 전환을 가져온다. 복잡성(complexity)이란, 부분적이거나 전체적인 무의식의 거대한 감응력의 아이디어와 기억의 그룹이 조직되어지는 총체이다. 메타포는 감성적 기억을 조직하며 시간을 초월하는 기억의 복잡성을 구성한다. 즉 감성적 기억과 현재의 현상 사이의 연결을 제공하는 것이다.

메타포는 신체적으로 경험하는 것을 가치기준에 따라 선택적으로 해석하여 기억한다. 이러한 메타포는 상상력을 통해 저장되는데, 현재 상황이나 미래에 대해 상상하는 것을 들 수 있다.

*'하늘에는 밝게 빛나는 별처럼 아름다운 조명이 비추고 있다. 그 날은…'*

[그림 6]의 스위스 취리히의 건물과 건물 사이에 매단 조명들은 무의식적으로 다양한 이미지를 연상시킨다. 어린 시절 시골집에서 보았던 밤하늘의 은하수를 상상하며 친척들과 웃고 떠들며 즐거웠던 기억이 떠오를 수도 있다. 별처럼 아름다운 조명은 예전에 그와 비슷한 상황을 떠올리거나 추억에 잠기게 된다. 이처럼 우리는 어떤 이미지를 보고 개인의 기억과 연결되어 여러 감정을 불러일으키는 것이다.

사람들은 같은 작품, 즉 어떤 이미지를 봐도 서로 다른 이미지를 떠올리고 상상하며 다른 감정을 느낀다. 다시 말하면 개인의 무의식적 또는 의식적 기억에 영향을 받아 다양한 메타포를 한다는 것이다.

[그림_6] 이미지는 무의식적이거나 의식적인 기억과 연결됨

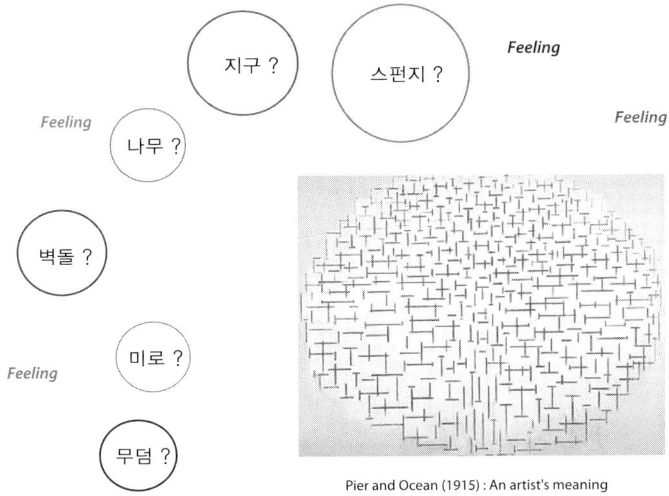


[그림_7] 이미지와 상상력에 대한 몬드리안의 작품 사례
(출처: Rijksmuseum Kröller-Muller, Otterlo, the Netherlands.)

몬드리안(Piet Mondrian)의 1915년 작품 'Pier and Ocean'을 처음 보았을 때, 대부분의 사람들은 그림 그 자체만으로는 'Pier'와 'Ocean'을 상상할 수 없다. 오히려 작가의 의도와는 상관없는 전혀 다른 오브젝트를 떠올리거나 주제를 생각해 볼 수 있고 느끼는 감정 또한 다양하게 나타날 것이다. 그것은 앞서 말한 메타포의 3단계에 의해서 의미 자체가 새롭게 변화하거나, 연결되어 퍼즐이 맞춰지는 등의 과정을 겪어 하나의 이미지는 다른 이미지로 전환되고 기존의 의미는 새로운 의미를 창조하는 것이다. 중요한 것은 그로부터 사람들이 어떤 감정을 느끼는지, 무엇이 그러한 감정을 촉발 시키는 가를 알아야 한다는 것이다.

몬드리안의 작품이 현재에 이르러서도 많은 사람들에게 사랑 받는 이유는 순수한 미학의 결정체로 평가받는 몬드리안의 구성화가 작가 스스로 의도를 배제시켜 보는 이들에게 다양한 해석의 길을 열어놓았기 때문이다.

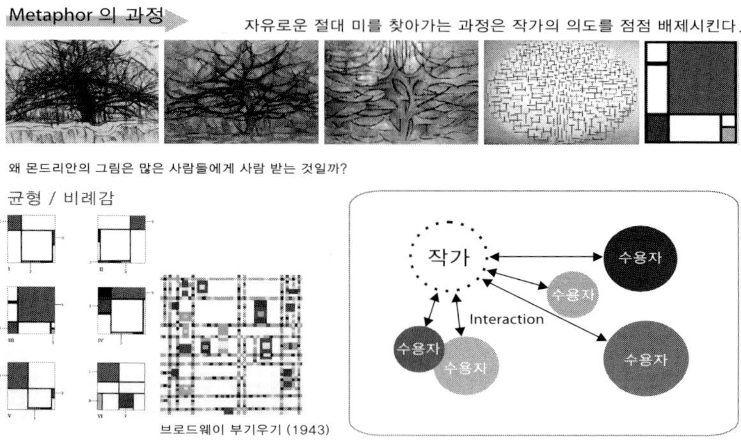


[그림_8] 몬드리안 구성화의 추상화 과정
(출처: 예술과 무엇 – 예술이 된 나무, 예술을 사랑하는 나무)

"아무것도 의도하지 않은 것(purposelessness)이 진정한 예술(arts)이다." 라고 철학가 칸트(Kant)가 말한 것처럼 몬드리안의 작품은 순수한 균형과 비례를 지니고 있다. 그것이야 말로 우리들이 자연스러운 편안함을 느끼게 하는 중요한 요소일 것이다.

우리는 예술작품을 감상하게 되면 의도하지 않았던 무의식 속에서 상상을 하게 된다. 그림에 대한 어떠한 배경지식도 없는 아이와 예술학을 전공한 학생이 예술작품을 감상하고 갖게 되는 메타포 과정은 분명 다르다. 어떠한 지식도 없는 아이는 자신이 가지고 있는 감정의 폭 안에서 그림을 받아들일 것이다. 기쁘다거나 슬프다, 혹은 예쁘다, 무섭다 등등. 비교적 단순하지만 직관적으로 그림에 대한 느낌을 표현할 것이고 그에 대한 의미를 스스로 갖게 될 것이다. 그러한 과정에 있어 그 의미가 피드백 되었을 때, 아이는 또 다른 메타포 과정을 갖게 되면서 보다 창의적인 사고를 할 수 있는 것이다.  다시 말하면 다양한 상상력을 해봄으로써 그 차이점과 공통점을 인식하고 생각이 발전하는 것이다.

반면 예술학을 전공한 학생은 학습을 통한 배경지식이 무의식적 감각과 작용하여 나타날 것이다. 이 작품에 담긴 사상이 무엇이라고 의식적으로 생각하지 않더라도 그에 대한 일종의 안목을 가지고 있기 때문에 처음 본 작품을 대하더라고 즉각적으로 수용할 수 있는 예술가적 자질이 있기 때문이다.

이처럼 문학과 회화는 한 순간의 유행처럼 지나가는 저널 등과 달리 "시대가 변하여도 수용자에게 받아들여지는 의미는 언제나 새롭다.(Literature is news that stays news)." 라고 에즈라 파운드(Ezra Pound)가 말한 것처럼 이것이야 말로 시간과 공간을 초월하는 진정한 의미의 예술이 아닐까 한다.

시원한 바다와 푸른 산. 어지러운 환경에서 잠시 눈을 감고 자연의 이미지를 떠올리면 금세 마음이 편안해짐을 느낀다. 가장 일차적 일 수 있으나, 그러나 근본적인 우리의 보편적 의미는 자연에서 찾을 수 있다. 자연적인 요소들이 인간에게 가장 익숙하고 편안한 이유는 이미 아주 오래 전부터 우리의 몸속 유전자로부터 기억되어져 있기 때문이다. 그래서 유기적인 건축과 디자인은 가장 우리에게 친숙하게 다가갈 수 있는 방법 중에 하나가 될 수 있는 것이다.

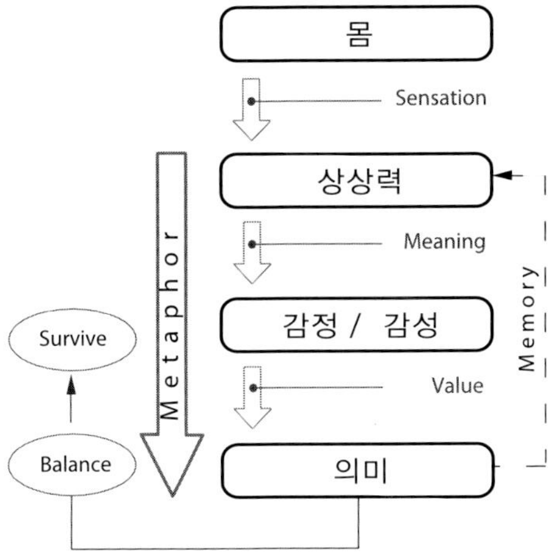

[그림_9] 메타포를 통한 의미 저장 과정

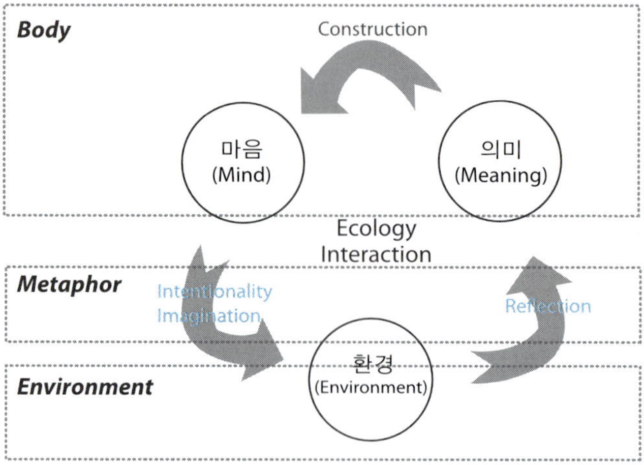


[그림_10] 마음, 의미, 환경의 순환

이렇듯 메타포 과정은 몸의 감각을 통해 상상력을 일으키고 의식과 무의식의 기억을 바탕으로 감흥(feeling/emotion)을 표출한다. 이것은 마음에 새로운 의미로써 저장되며 다시 개인이 부여한 가치에 따라 우선순위로 피드백 되어 상상력과 연결된다. 메타포 과정은 인간이 생존하기 위한 본능적인 행위인 것이다.

# Schema & schemata

스키마와 스키마타

스키마타(Schemata)란, 어떤 사실이나 행동 간의 관계를 규정하고 네트워크화시켜 구조적으로 도식화시키는 것이다. 또한 어떤 객체에 대해 가지고 있는 정보가 구성되어 있는 지식구조를 이르기도 하며, 마케팅의 정보적 구조를 4P(4P: Product, Price, Place, Promotion)로 이해한다든가, 경제의 3주체를 '정부-기업-가계'로 이해한다는 등의 지식적 구조와 유사한 도식으로 이해될 수 있다.

인간이 외부로부터 수용하는 정보를 어떻게 저장 하고, 그 저장의 형태가 어떻게 되어 있으며, 추가적으로 받아들이는 정보에 대한 처리, 사용 빈도가 낮은 정보 처리에 대한 처분이 어떻게 이루어지는 지에 대해 설명하는 것은 모두 스키마타의 범주에 속한다고 볼 수 있다.

스키마(Schema)란, 지각자로 하여금 어떤 유형의 정보를 선택적으로 수용하고 보게 하는  일종의 행위를 통제하는 기제를 뜻한다.[3]

스키마는 무엇이 지각되어야 할지를 결정하고 통제하여 환영에 대한 개인의 경험을 구축하는 기능을 한다. 삶의 경험에 대한 각 개인의 지각 패턴은 독특하기

3) 김민수, 「21세기 디자인 문화 탐사」, 솔, 1997.

때문에 스키마는 개인에 대한 사적인 구조라고 할 수 있다. 하지만 스키마는 특정 문화와 사회화 과정들이 공유된 환경을 제공하는 범위까지 일반적인 모습을 공유하기 때문에 우리는 사물과 사건에 대해 다른 사람과 공감대를 형성할 수 있는 것이다.

스키마는 또한 언제나 불변적으로 고정된 견고한 구조가 아니라 경험에 의해 계속적으로 수정되기 때문에 유사한 사건들도 시간이 지난 뒤 같은 사람에 의해 또는 다른 사람에 의해 다르게 경험된다.

[그림_11] 스키마타와 스키마

이는 우리가 생각하고 의미를 만들 수 있게 하며 계속적으로 외부환경에 의해 새롭게 의미변환 되는데, 마음이 새롭게 되지 않고 고정된 스키마타에 의해서만 의미를 가지게 된다면 밖의 세계를 반영할 수 없다.

스키마타에 의한 인간의 지식정보는 네트워크로 이루어져 있다. 네크워크는 트리(tree)구조를 이루고 있는데 이 스키마타는 객체 간의 연관성을 가지고 있으며, 그러한 연관의 정도에 따라 [그림 12]와 같은 네트워크의 형태를 갖추게 되는 것이다. 즉, 인간은 받아들인 정보에 대해 네트워크 지식구조를 형성함으로써 지식을 처리하는 것이다.

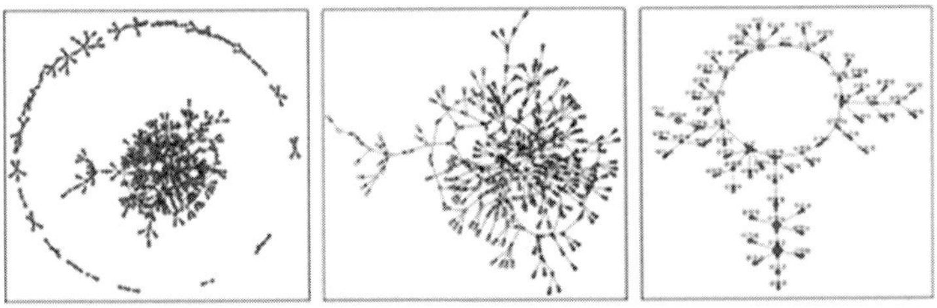

[그림_12] 스키마타 네트워크 트리구조
(출처: Stephen K. Reed, 「Cognition : Theory and Applications」)

스키마타의 네트워크 구조는 잘 변하지 않는다. 다시 말해서 한 번 정립된 인간의 보편적 정보체계, 보편적 사실들은 웬만큼 잘 변하지 않는다는 말이다. 칸트(Kant)는 인간은 경험 이전에 주어진 선험적 범주에 의한 스키마타를 거침으로써 대상을 경험한다고 말한다. 그는 인식의 객관성을 보장하는 유일한 해결책으로 이른바 선험적 범주가 인간에게 보편적으로 똑같이 주어졌다고 주장한다. 또한 모든 인간의 지성은 누구나 선천적으로 타고난 똑같은 폼을 갖고 있어서 하나의 사물은 그러한 폼을 거쳐서 지각되기 때문에 내재적인 지각의 보편성이 보장될 수 있다고 하였다.

우리는 어떤 정보에 대해 지속적으로 자극을 받기도 하고 거의 자극을 받지 않기도 한다. 이를테면 '라면=신라면'과 같은 구조는 경험 이전에 지속적으로 주입받았기 때문에 형성된 강력한 스키마타라고 볼 수 있다. 그만큼 '라면'이라는 결절점과 '신라면'이라는 결절점 사이의 고리가 강하게 구성되어 있는 것이다. 이러한 객관적이고 선험적인 스키마타는 이성중심의 일률적인 정보 처리 과정이며 모든 것을 정형화된 구조로써 다룬다.

선험적이든 후천적 경험이든 인간이 사고하고 지각의 결과를 표상화하기 위해 스키마타와 스키마 과정은 모두 필요하다. 그러나 사람들은 학습하고 훈련했던 경험을 통해 다른 객체와 상호작용하기 위한 '마음의 모델' 을 먼저 구축한다. 인지심리학에서는 마음의 모델이 '스키마' 라는 인지구조에 의해 구성된다고 설명하고 있으며, 한 대상물에 대한 인지는 우리가 가지고 있는 경험과 기억의 스키마를 통하여 우선적으로 감지하고 인식하게 된다. 만약 스키마를 통하지 않는 대상물의 이미지에 대한 인지는 우리 몸이 대상물에 대한 해석을 위한 기본적 바탕이 없는 상태에서 이미지를 보는 것과 같다고 할 수 있다. 즉, 스키마는 메타포 과정을 위한 기본적인 바탕이 되며 이미지 인지의 수반을 위한 역할을 한다.

# Construction of meaning

## 의미의 구조화

사람마다 의미를 찾는 방법과 과정은 분명히 다르지만 분명 우리 마음속에는 보편적 공통점이 있다. 의미의 구조란 '의미는 마음속에 있다' 는 뜻이고 이러한 것은 각각의 마음속에 공통되는 것이 있다. 의미의 구조화는 단계 정보(Process information)와는 다르다. 정보는 상징적인 코드이다. 예를 들자면 한글이나 도면이 상징적인 코드로 이뤄져 있으며 이를 정보라고 할 수 있다.

의미를 구조화시키는 것은 오직 인간의 두뇌만이 할 수 있는 차별적인 과정이다. 그 과정은 사람에 따라서, 의미에 따라서 다르게 진행된다. 의미의 구조화는 정보처리와는 분명히 다르다. 이것은 단순한 정보처리가 아니라 자기 스스로 의미의 본질을 확립해 나가는 과정이기 때문이다. 의미의 구조화 과정이 몸에 영향을 주는 것은 크게 4가지로 생각해 볼 수 있다.

**Construction of meaning** —— 오직 인간의 두뇌만이 할 수 있는 차별적인 과정 Processing of information 과는 분명히 다름 Interactive, Selective, Value process을 포함.
기본적 욕구, 개인 내력, 과거경험이 작용, Metaphor의 사용이 요구됨.

| 기본적 욕구 (Basic Needs) | 개인의 내력 (Pesonal History) | 과거 경험 (Previous Experiences) | 감성과 감정 (Emotion & Feeling) |
|---|---|---|---|

가치판단에 의해서 작용하는 것

[그림_13] 의미의 구조화

첫째, 기본적 욕구(Basic needs). 이는 생명을 유지하기 위한 생존 욕구이고 둘째는 개인의 내력(Personal history) 이다. 이 두 가지는 무의식적인 요인으로 볼 수 있는데 유전학적인 기억과 신체적인 자동 반응적 관점에서 해석될 수 있다. 셋째는 과거 경험(Previous experience)인데 이는 쉽게 우리가 의식적으로 과거에 경험하고 기억하는 모든 것을 말한다. 마지막으로 감성과 감정(Emotion and Feeling)은 개개인의 가치판단에 의해서 작용되는 것이다. 이러한 의미의 구조화는 메타포 사용이 요구되며 새로운 의미를 창출하는 과정에서 상호반응하고 선택, 가치 판단하는 단계가 일어난다.

많은 디자이너들은 자신들이 디자인상에서 의도했던 마음의 모델이 사용자가 갖고 있는 마음의 모델과 동일할 것이라고 기대한다. 하지만 불행히도 이 두 가지가 늘 일치할 수 있는 것은 아니다. 왜냐하면 디자이너와 사용자의 마음의 모델이 같지 않기 때문이다. 거기에는 언제나 두 모델 사이의 불일치에서 발생하는 '의미적 간격' 이 존재하는 것이다. 메타포는 이러한 간격을 좁히기 위한 상징적인 중개체라고 할 수 있다. 메타포는 다음 두 가지 방식으로 디자인 인터페이스를 위해 쓰여 질 수 있다.

첫째는 복잡한 추상적 사고를 '알기 쉽게' 하고, 둘째는 '기억하기 쉽게' 하는 역할을 한다. 예를 들어 매킨토시 컴퓨터에서 적용되는 그래픽 인터페이스들은 과거 IBM컴퓨터의 단점이었던 DOS 체계의 문자적 조작 방식 대신에 그래픽 화된 은유 체계를 제공함으로써 마침내는 IBM으로 하여금 같은 방식을 사용하는 'Windows' 조작체계로 전환하게 했던 것이다. 매킨토시의 조작 체계가 사람들에게 보다 쉽게 인지될 수 있었던 것은 그것이 우리가 지닌 마음의 모델에 보다 근접하고 의미적 간격을 좁혀 주기 때문이다.

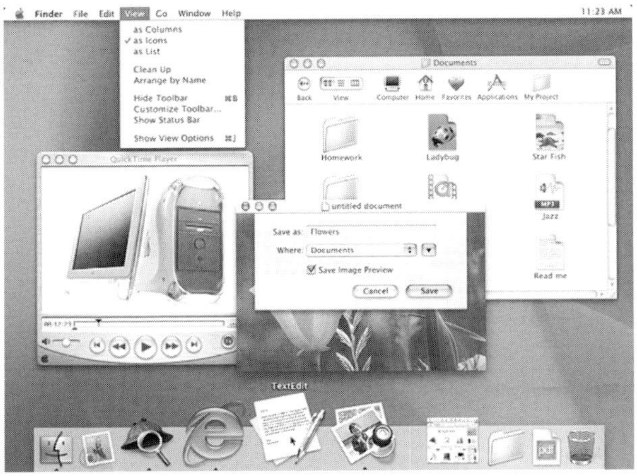

[그림_14] The Mac OS X User Interface

의미의 구조는 가치를 부여하는 기준이 된다. 그 가치의 판단기준이 되는 것은 감성과 감정이다. 물체는 메타포와 상상력을 통해 의미를 갖게 되고 마음에 저장된다.

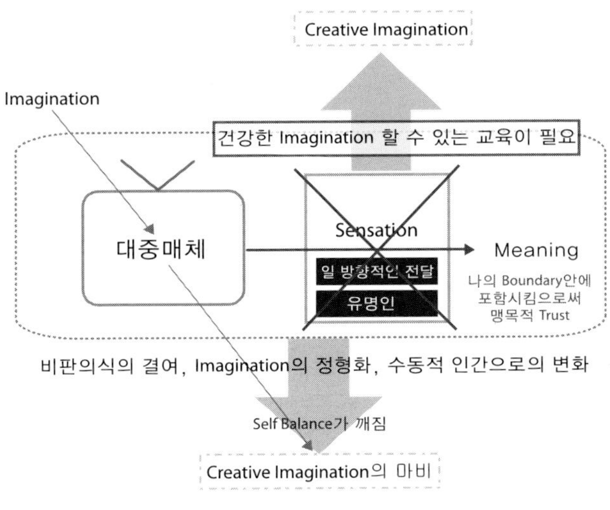


[그림_15] 의사전달의 오류

인간이 대중매체를 지각하여 의미로 받아들이기까지 겪게 되는 오류는 두 가지이다. 첫째는 대중매체가 인간에게 일 방향적인 정보 전달 만을 한다는 것이고, 둘째는 대중매체에 나오는 유명인사의 영향력을 나의 영역 안에 포함시킴으로써 그들 권위에 맹목적인 신뢰를 갖게 한다는 것이다.

이는 우리의 비판의식을 마비시키고 상상력을 정형화시키며 수동적 인간으로 만든다. 우리 자아의 균형이 깨지면 창의적 상상력 또한 마비되는 것이다. 그러므로 이 사회의 미래를 위하여 이러한 의미전달의 오류를 극복하고 올바른 메타포 과정을 통하여 건강한 상상을 할 수 있는 교육 환경을 조성해야 하며 이러한 중요성에 비추어 볼 때 디자이너들은 책임의식을 가져야 하는 것이다.

# Sympathy

공감

사람들이 좋아하는 제품 혹은 공간 즉, 디자인은 어떠한 이유로 사랑 받는 것일까? 이는 아마도 사람들의 동감 혹은 동의를 얻을 수 있는 요소들을 가지고 있기 때문일 것이다. 사람들의 마음을 움직여 동감을 얻고 동의를 얻어내는 과정 역시 메타포 과정의 한 부분이라 할 수 있다. 동의나 동감은 공감으로부터 출발한다. 이러한 공감은 자신이 갖고 있던 기존의 기억과 부합하거나 혹은 기억을 뒤집을 수 있는 무릎을 탁 치게 하는 작은 아이디어로부터 시작 할 수 있다. 자신의 기억과 부합한다는 것은 현실과 동떨어진 것이 아닌 오히려 일상이나 생활 안에서 찾을 수 있는 요소들에 더 가깝다고 할 수 있다.

공감은 어디에서 시작되고 어떠한 요소를 만났을 때 발현되는 것일까? 이 물음에 앞서 우리는 어떠한 상황에서 공감을 느끼는지를 생각해 보아야 한다. 사랑에 빠진 연인은 로맨틱 코미디 영화를 보며 본인들의 이야기라 생각할 것이며, 실연을 당한 이는 슬픈 노래를 들으며 공감할 것이다. 이렇듯 공감은 우리의 생활 곳곳에서 발견될 수 있는 요소이다. 즉 이러한 공감은 우리의 현실과 직결되어 있다.

이러한 공감을 불러일으키는 디자인은 디자이너에게 중요한 과제이고 공감을 불러일으키는 디자인이야 말로 오랜 시간동안 우리 생활 가까이에서 사용되는 것이라 여겨진다. 즉, 디자인은 우리의 생활 중 가장 가까운 곳에서 공감을 불러 일으켜 그것으로 출발하여 메타포를 경험할 수 있다. 좋은 디자인은 많은 이에게 더 많은 공감을 불러일으키고 또한 작은 아이디어 요소를 통해 다른 상상력이 작용하게 된다. [그림 16]은 종이건축가로도 유명한 시게루 반이 디자인 한 화장지로 언뜻 보기에는 기존의 화장지와의 차이점을 찾기 어렵지만 자세히 살펴보면 가운데 종이심이 사각형이고 그 위에 화장지가 감겨있는 형태이다. 이것을 휴지걸이에 걸어 사용하면 종이를 잡아당길 때 반드시 달가닥달가닥하는 저항음이 발생 할 것이다. 보통의 둥근 형태라면 가볍게 잡아당기는 것만으로도 휴지가 쉽게 풀리지만 그것은 필요이상으로 종이를 공급하게 될 것이다. 사각형의 두루마리 화장지는 완만한 저항으로 자원 절약의 기능을 발휘하기도 하지만 일반적인 화장지의 형태의 통념을 벗어나 다양한 상상력과 즐거움을 만들어 냈다. 이러한 변화는 우리의 생활에 도움이 되고 이는 곧 좋은 디자인의 효과인 것이다.

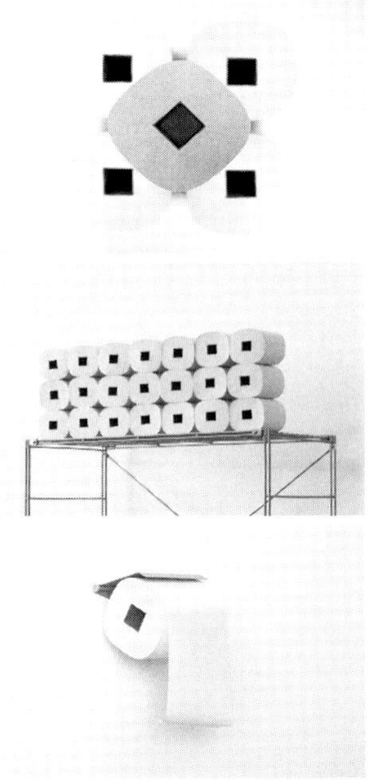

[그림_16] 시게루 반의 종이화장지
(출처: KENYA HARA, 민병걸 옮김, 「디자인의 디자인」, 인그라픽스)

그렇다면 이렇게 중요한 공감을 불러일으킬 수 있는 요소는 무엇일까? 유사성(similarity)이 바로 그 한 요소이다. 우리는 나와 유사함이 있는 대상에 대해서는 거부감이 줄어들고 오히려 무한한 호감을 지니게 된다. 이는 우리가 삶을 지탱하는 중요한 요소라 할 수도 있다. 나와 같은 지역의 사람, 나와 같은 학교의 사람 등 낯선 이를 만다면 그 사람과 가까워지기 위해 커뮤니케이션을 통해 끊임없이 유사성을 찾으려 할 것이다. 또한 우리의 동경의 대상이 되는 역할 모델에 대한 작용도 같은데, 단지 다른 대상의 모방이 되려는 것과는 차이가 있는 몸과 마음에서 동시적으로 일어나는 고차원적인 작용이다.

자연적인 요소를 이용해 메타포 작용을 거쳐 탄생한 디자인은 사람들에게 영원히 사랑 받을 수 있다. 이는 우리의 유전자적 기억에 새겨져 있는 자연에 대한 막연한 동경 때문이라 할 수 있겠다. 인간에게는 생물학적 유전자 외에 문화의 전달을 매개하는 일종의 문화적 유전자라는 것이 있다고 한다. 앞서 말했듯이 밈(meme)은 실존하는 유전자가 아니라 유전자처럼 모방과 자기복제를 통해 한 세대에서 다음 세대로 문화를 전달하는 메커니즘을 가리키는 개념이다.[4] 자연에 대한 유전자적인 기억은 우리에게 밈이라는 문화적 유전자를 통해 세대를 걸쳐 전달되었고 우리는 그러한 기억 때문에 자연적인 요소를 선호하게 되는 것이다.

그 예로 일본의 유명한 조명디자이너 멘데 카오루의 '불' 디자인 사례는 떨어져 있는 나뭇가지 끝에 발화제를 입힌 것으로 땅에 떨어진 작은 나뭇가지가 지구로 환원되기 전에 마지막 일을 시켜 보자는 게 작가의 발상이라고 한다. 이게 무슨 대단한 발상이냐는 사람도 있을 수 있겠지만 인간과 불의 몇 백만 년에 걸친 관계를 생각하고 선조로부터 계승한 불이 있는 삶을 상상하면서 자연, 불 그리고 인간, 그 각각의 존재를 인상적으로 환기시키는 디자인이라 할 수 있다. 이는 우리가 자연에서 와서 자연으로 돌아간다는 아주 기본적인 진리와 인간이라면 누구나가 자연에 대한 호감을 유전자적인 기억으로 가지고 있기 때문이다.

4) 남경태, 「개념어 사전」, 들녘, 2007.

자연은 우리에게 근원적인 유사성을 불러일으킬 수 있는 요소로 작용 할 수 있기 때문에 공감을 통한 메타포 작용을 설명하기에 중요한 요소이다.

자연에서 찾을 수 있는 이러한 특징은 지역적인 기억과도 같은데 한국인, 아시아인 등 내가 속한 물리적 지역 혹은 문화적 공감대가 같을 때 우리는 그와 반대인 경우보다 유사성을 더 쉽게 찾을 수 있고, 이를 통해 좀 더 쉽게 공감할 수 있다.

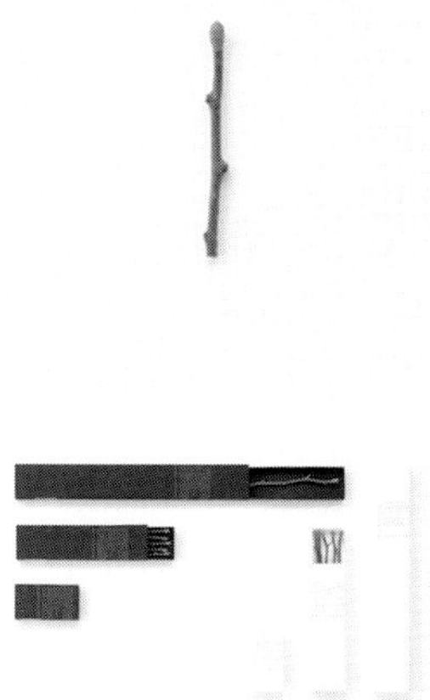

[그림_17] 멘데 카오루의 불
(출처: KENYA HARA, 민병걸 옮김, 「디자인의 디자인」, 인그라픽스)

이렇듯 공감하게 되는 대상은 격렬한 감정적 변화라기보다는 내 옆에서 언제든지 손 뻗으면 닿을 수 있는 곳에 있는 편안하고 가까운 안정감이 바탕이 되는 특징을 가지고 있다. 그러나 이러한 공감에 작은 아이디어가 더해진다면 기존에 공간이나 제품 등 대상에 대해 가지고 있던 기억을 더 배가시키거나 색다른 상상을 가능하게 되고 이는 또 다른 기억으로 각인될 수 있다. 바로 이것이 공감을 통한 메타포가 가능한 이유라 하겠다.

# Empathy

감정이입

디자인이 개인적 혹은 사회적 공감을 바탕으로 메타포 작용에 접근한다면 강렬한 감정적 변화를 일으키는 감정이입을 동반하는 예술에서의 메타포 작용은 어떨까?

흔히들 말하는 감정이입(Empathy)은 '냉정한 이해'를 위해 필수적인 거리감과 자기 자신을 부인하는 뒤바꿀 수 있는 역행으로, '일시적이고 부분적인 자기와 다른 인간존재와의 동일시 현상'으로 기술 할 수 있다.[5] 어떤 예술 작품이나 공간이 감정이입의 반응을 의도하고 있다면, 감상자가 자신의 존재 내에서 그 작품 또는 공간을 재창조할 수 있도록 그것은 자기규정에 있어서 융통성이 있어야만 한다. 감정이입이란 결국 미묘한 자기반영의 한 모습이라 할 수 있다.

[그림_18] 베트남 전쟁 참전 기념물

우리가 늘 고민하고 가장 주력해서 생각하는 예술적 창작의 문제에서 간과할

5) 「감정이입을 호소하는 표현주의 예술」, 미술세계 1984, 12월호(통권 3호).

수 없는 것은 바로 이 '감정이입' 의 문제이다.

감정이입의 근본개념은, "관조대상에서 감각적 현상으로 표출된 내용을 우리가 직접적이고 감정적으로 파악할 때는, 실제적으로 그것과 비유적인 자기의 감정을 자기의 내부로부터 대상에 투사하며, 그 밖에도 이것을 대상에 속한 것으로 체험하는 일종의 독특한 심리적 활동을 말한다."라고 할 수 있다.[6)]

인물을 묘사하는 화가나 희곡을 쓰는 작가, 그리고 인간의 생활과 삶의 배경 혹은 중심이 될 수 있는 공간을 고안하는 디자이너들은 그 대상의 특징에 감정이입을 한다. 여기서 중요한 것은 신속하게 본질적인 것을 파악하고, 그 외면적인 징표를 모조리 끄집어내는 즉각적인 안목이다. 그러면 그러한 직관력(intuition)은 어디에서 나오는가? 디자이너가 대상에 대하여 가지는 관심이, 그들이 대상 속으로 파고들거나 대상에 열중하기 위한 전제가 되는 것이다. 감정이입의 진정한 의미는, 이와 같은 종류의 감정적(emotional)이고 감각적인(feeling) 열중 · 함께 기뻐함 · 연민 등에 있는 것이다.[7)] 따라서 인물이나 혹은 생활연관에 있어서 감정이입이라는 말을 쓸 때에 이 말은 일종의 감정적 이해를 의미하는 것이다. 그러므로 감상자는 표현된 대상이나 또는 그 대상의 삶에 자기의 '감정을 이입' 한다고 말할 수 있는 것이다.

그렇다면 공간에서 이러한 감정이입을 일으키는 경우는 무엇일까? 워싱턴 D.C.에 있는 '베트남 전쟁 참전 기념물(Vietnam War Veterans Memorial)' 이 그 한 예가 될 수 있을 것이다.

6) 「미학사전」, 논장 ,1988.
7) 김주완, 「예술의 형식과 내용」, 새한철학회, 2005.

*"insulting, demeaning . . . black scar."* (Maya Lin)

21살의 예일대 졸업반인 마야 린(Maya Lin)이 베트남전 희생자들을 위한 기념물을 설명한 글귀 중 일부이다. 전쟁이라는 검은 상처는 그 공간을 체험하는 이들에게 같이 아파할 수 있고, 어떠한 경험보다 더 많은 감정적 변화를 공유하도록 하였다.

'V' 자 형태로 베트남 전쟁에서 희생자의 이름과 사망 장소를 새긴 검은 돌로

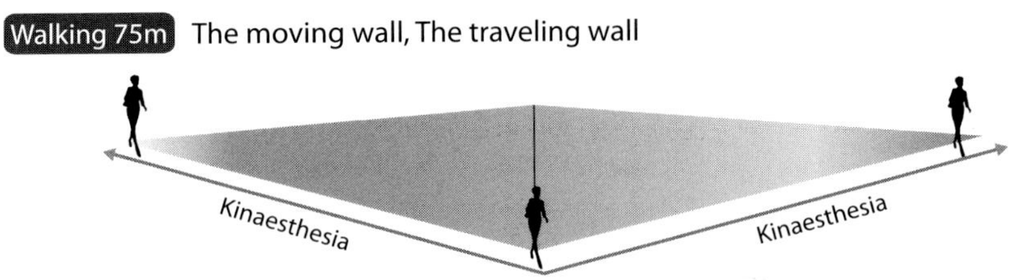


[그림_19] 75m의 길과 3m 높이에 이르는 벽

이루어진 벽, 공원 안에 다른 많은 요소들 속에 묻혀 있어 처음에는 그 존재를 확연하게 느낄 수는 없다. 그러나 자연스레 공원을 거닐다 보면 완만한 경사면이 나타나고 어느새 키보다 높은 벽을 보게 된다. 그 앞에 서서 돌에 비친 자신을 보며 형태적이고 물질적인 반사작용을 통한 시각적 자극 외의 또 다른 내면으로의 반영을 경험하게 한다. 이 벽은 그림과 같은 경험을 감상자들에게 제공하면서 메타포 과정을 거쳐 감정이입의 단계에 이르게 한다.

[그림_20] 인지의 요소

감정과 감성이 지속적으로 서로 영향을 주고받는 환경을 제공해준 이러한 공간적 장치가 아니라면 이 벽은 그저 평범한 기념물로 그쳤을 것이다. 그러나 이 공간적 장치는 벽 가득히 전쟁 희생자들의 이름을 새기는 간단한 아이디어로 수많은 감성에 변화를 주게 된다.

[그림_21] 75m의 추모의 길

희생자들의 이름 하나 하나가 보이는 동시에 검은 돌을 통해 그 이름들을 보고 있는 자신의 모습이 비추게 되고 이를 본 감상자는 자신의 내면의 무의식적인 감정의 변화를 느끼면서, 자신의 외면적인 반사 외에 내적인 반영을 하게 되는 감정이입을 경험한다.

[그림_22] 감각적 벽

검은 돌에 새겨진 희생자들의 이름을 만지고 또 탁본을 뜨면서 공감각적인 지각(synesthesia feeling)을 하게 되고 새롭게 형성된 베트남전에 대한 의미는 나에게 감각적 벽(sensory wall)으로 남게 된다. 이러한 메타포 작용은 감상자의 무의식적 감정의 변화를 일으켜 자기반영의 단계에 이르게 하는 주요한 요인으로 작용한다. 이러한 일련의 과정들은 모두 감정이입이 중요한 역할을 한다. 이러한 감정이입으로 풍부해진 감성적 변화를 통한 새로운 의미와 기억의 생성은 메타포 과정을 경험한 결과물이라 할 수 있다.

우리는 예술 작품이든 공간이든 어떤 사물을 지각한 후에 감성과 감정(emotion and feeling)의 변화를 느끼고 공감이 작용하여 새로운 의미로 저장한다. 이러한 과정 전체가 메타포라 할 수 있다. 또한 좁은 의미에서 보면 변화가 일어날 수 있도록 대상에 대하여 감정이입하는 과정 또한 메타포 과정이다.

# Ambiguity & creativity

## 창의성을 유발하는 모호함

"1910년 12월, 또는 그즈음에 인간 본성이 변했다."[8] 버지니아 울프가 그녀의 에세이 「소설의 인물」(1924)에서 엄숙히 선포한 말이다. 인간 본성이 변했다는 말은 무슨 말일까? 또 1910년 12월이 특별한 의미가 있는 것일까? 사실 그것은 후기인상파의 첫 전시회 날을 빗대어 말한 것이다. 폴 세잔(Paul Cezanne, 1839~1906)[9]은 그 전시회에서 단연 돋보이는 화가였다. 그의 그림들은 과일, 프로방스의 풍경 등 평범한 사물들을 담고 있었으나, 단지 외관에 충실한 '상투적 재현'을 노골적으로 내팽개쳤기 때문이다. 1910년 이 전시회에서 세잔의 작품들은 언론의 비난을 받았다. 비평가들은 그의 미술은 추한 거짓이며 자연의 의도적 왜곡에 지나지 않는다고 하였다. 세잔도 처음부터 그러한 것은 아니었다. 1872년경 인상주의(impressionism)를 표방하던 그는 자연을 대상으로 한 풍경, 정물화를 그렸다. 화구를 들고 야외로 나가 풍부한 햇빛 아래서 빛나고 있는 시골풍경을 밝은 원색과 생생한 터치로 그려냈다.

8) Virginia Woolf, 「Collected Essays」, Hogarth Press, 1966~1967, vol 1.
9) 프랑스의 화가. 근대 회화의 아버지로 불린다. 후기 인상주의자(세잔느, 고갱, 고호) 들 가운데 형태와 구성에 대한 현대적인 해석을 구축한 화가이다. 즉 인상주의의 회화를 이루고 있는 순간적 인상에 영원성을 지닌 견고함을 첨가시킴으로서 인상주의의 한계를 극복하고자 했다. 이러한 목표를 위해 그는 자연의 본질적 구조를 구현하는데 있어, 대상의 외형에서 잡아 낼 수 있는 객관적 시각의 결과와 대상에 대한 작가 자신의 주관적 이해를 동시에 표현함으로서, 20세기 추상미술이 가지고 있는 객관과 주관의 동시성을 선구적으로 보여주었다.

인상주의는 사물의 고유색을 부정하고 태양 광선에 의하여 시시각각으로 변해 보이는 대상의 순간적인 색채를 포착하려는 미술양식을 말한다. 본대로 그린다는 인상주의 정신은 빛에 따라 순간적으로 변화하는 깊이 없는 사물의 인상을 그린 것이다.

[그림_23] 클로드 모네 作 〈베니스의 팔라조 두칼레〉 1908년

클로드 모네의 〈베니스의 팔라조 두칼레〉는 베니스의 물과 빛을 감각적으로 관찰하여 표현하였다. 당대의 심리학은 우리의 감각들이 외부세계의 완벽한 반영이라고 믿었다. 사람의 눈은 카메라와 같은 것으로, 시각을 통한 정보를 수동적으로 뇌로 보낸다는 것이다. 세잔은 시각에 대한 이런 관점을 완전히 뒤집었다. 1896년 인상파그룹과 결별하고 시각의 주관성, 표면의 환영에 대해 그림을 그리기 시작했다. "내가 그림에 옮기려고 애쓰는 것은 한층 더 신비로운 것이다. 그것은 존재의 가장 깊은 뿌리들과 엉켜 있다."고 세잔이 말한 것처럼 세잔은 빛이란 보는 과정의 시작일 뿐이라고 믿었다. 그는 "눈으로는 충분하지 않다."고 선언했다. "생각할 필요도 있다." 우리의 인상은 해석을 요하며 본다는 것은 보이는 것을 창조하는 과정이라고 하였다. 이렇듯 후기인상주의는 인상주의의 단계를 거치면서도 갖가

지 방향으로 인상주의를 넘어선 개인적이고 주관적인 경험에 근거한 미술을 추구한다. 후기인상주의야 말로 메타포이며 예술에서의 첫 시작이라고 할 수 있다. 메타포는 감각적 단계를 넘어서 관찰하고 해석하며 상상력을 통하여 새로운 의미를 마음에 저장하는 과정이기 때문이다. 그의 작품은 우리 뇌에 꼭 충분한 만큼의 정보를 주기 때문에, 우리는 모호함(ambiguity) 가운데서 윤곽을 건져내며 창의적(creativity)으로 그림을 해독한다.

[그림_24] 폴 세잔느 作 〈Monte Saint-Victoire〉, 1897

[그림_25] 폴 세잔느 作 〈Monte Saint-Victoire〉, 1902-1904

세잔의 동일한 위치에서 생트 빅투아르 산을 그린 <Monte Saint-Victoire>시리즈를 보면 1987년도에 그린 그림에 비해서 1904년의 화풍은 한층 더 산에 집중하고 아래의 계곡은 완전히 무시한 채 간결한 수직적 붓놀림으로 표현함을 볼 수 있다. 그의 그림은 경계를 모호하게 만들고 눈으로 받아들인 감각세계의 혼란된 모습에 어떤 구성적 질서를 부여함으로서 대상의 견고하고 영구적인 모습을 구현하려 했다. 자연속의 대상은 원통, 원추, 구조로 환원되었다.

말년의 세잔의 그림은 점점 더 빈 캔버스로 채워져 갔다. 그는 이것을 미완이라고 불렀는데 이 미완성의 캔버스들에서 우리가 그를 대신하여 그의 빈 공간들을 채우길 바랐으며, 그 미완의 그림들은 보는 과정에 대한 메타포였다. 우리는 생물학적으로 어떤 것을 지각하고 기억하는 것을 무의식적으로 하기 때문에 있음과 없음의 애매모호함은 부족한 부분을 채우기 위해 우리의 뇌가 그림을 어떻게든 이해하려고 애쓰면서 무의식적인 창조성을 획득한다.

일반적으로 자극에 대하여 정보를 처리하는 것은 글을 읽는 과정과 같이 '상향 처리(Bottom-up processing)' 로 이루어진다. 그런데 반대로 신경과학자들은 우리가 예술작품에서 결국 보게 되는 것이 이른바 '하향 처리(Top-down processing)' 라 불리는 것에 큰 영향을 받는다는 사실을 안다. 하향 처리란 뇌 피질 층이 우리의 실제 감각지각을 하향 투사하여 영향을 주는 방식을 기술하는 용어이다. 대표적인 예는 맞춤법이 틀린 글자를 읽는 것이다. 우리는 전체적인 맥락으로 단어의 의미를 알기 때문에 'H' 와 'A' 를 혼동하지 않고 문제없이 읽을 수 있다.

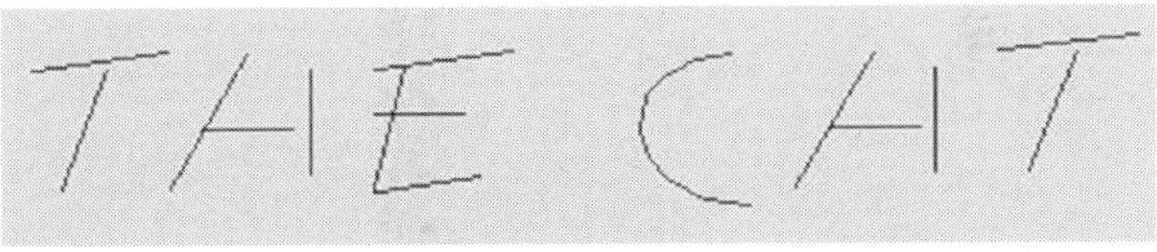

[그림_26] 하향 처리의 예
(출처: Daniel J. Levitin, 「This is your brain on music」, Dutton Adult, 2006)

하향 처리 과정이 갖는 기능 중 한 가지는 대상을 인지하는 것이다. 전전두 피질의 지시에 따라 우리는 어떤 대상의 다양한 요소들을 그 대상에 대한 통합된 개념으로 동화시킨다. 세잔의 후기인상파 작품을 보면 이러한 하향 처리 과정이 일어남을 느낄 수 있다. 세잔은 빛에 의한 인상이라는 것만으로는 충분하지 않고 마음에 의해 완성되어야 한다는 것을 알고 있었기 때문이다.

과학이 실험(experiment)과 상상(imagination)을 통하여 메타포 과정을 한다면, 예술은 추상(abstraction)을 써서 메타포 하는 것이다. 후기인상파의 창시자인 폴 세잔은 우리가 눈으로 보는 형태들이 정신적 산물, 즉 마음의 눈으로 보는 것임을 깨달았다. 그는 추상적인 회화들을 통해 사람의 마음이 현실을 창조해내는 과정을 사람들에게 인식시키기를 원했다. 다시 말해 '우리는 어떻게 보는가!' 하는 것을 말하고자 하는 것이었다.

세잔은 우리에게 완전히 실현된 형태들 대신 겹겹이 포개진 암시적 모서리들만을 제시한다. 이런 모호함은 보는 과정에서 주관적 해석의 여지를 우리에게 남겨준다.

# Body Metaphor

유비쿼터스 기술과 환경

# PART 3. REFLECTION

## Multi-layered meaning

geometric_rationalistic
natural_organic
imaginary_contextual
sensational_phenomenological

## Balance

verticality
rhythm
melody
movement
transparency
illusion
contrast
ambiguity

# Multi-layered meaning

## 다층적 의미

인간의 본성에는 자아를 찾는 것과 이데아에 대한 갈망이 있다. 이러한 본성은 세계의 흐름을 바꾸는 원동력이 되어 왔다. 철학적인 관점으로 볼 때 데카르트의 이원론에서 말하는 바와 같이 이성이 우위에 설 때도 있었고 그 유명한 '나는 생각한다, 고로 나는 존재한다.(Cogito ergo sum)'는 근대 관념 철학에 영향을 주고 오로지 기하학적 연장=외연 개념만으로 모든 사물을 분석하게 된다. 인간의 의식이 신과 자연에로 귀착되어져, 이데아라는 절대적인 이상향의 건축으로 귀결되었던 때가 모더니즘 전의 중세나 훨씬 전의 그리스 로마 시대의 건축이라면, 인간의식이 인간자아로 귀결되어 인간의 이성이 모든 건축의 언어를 절대적으로 포착한 시점은 모더니즘 건축으로 간주되었다. 이처럼 건축에서 인간의식의 지향점은 항상 신, 자연, 이데아라는 의식 위를 향해 있었다. 감정과 이성을 분리하여 논의해 온 철학적 흐름에 따라 감정을 인지 기능과는 독립적인 현상으로 취급하기도 하지만, 20세기 초에 이러한 의식 위의 패러다임이 깨어지고 인간의 마음(mind)과 뇌(brain)의 관계를 연구하는 신경과학(Neuroscience)이 주목받게 되었다. 우리의 마음은 뇌의 인지 기능에 많은 영향을 줄 뿐만 아니라 마음은 곧 인지 기능과 감정 기능의 복합에 의해 나타난다고 할 수 있다.

오랜 시간이 흘러도 건축 역사에 있어서 꾸준히 사람들의 사랑과 관심을 받는 건축가들이 있다. 그들은 어째서 세계적인 관심을 받고 그들이 디자인한 건축물에 대한 이야기가 끊이질 않을까? 물론 건축 이론에 의해 유명해진 건축가들도 있지만, 결국 건축물이 일반 사람들에게 메시지를 전달할 수 있는 주요한 표현물이 된다. 사람들이 소위 거장이라 부르는 건축가들의 디자인에 감동을 받고, 그들이 주장한 이론에 공감하는 것은 메타포를 통해 감흥을 받기 때문이다. 사람들의 몸속에 존재하는 의식적이고 무의식적인 수많은 기억들을 불러내어 건축물에 투영시켜 바라볼 수 있게 해주는 것이 그들의 역할이었고, 그것을 느끼고 감동을 받은 사람들은 그들의 이름을 잊을 수 없게 되는 것이다.

근대에서 현재까지의 건축사의 흐름 속에는 4가지 정도의 커다란 패러다임을 찾아 볼 수 있다. 첫째는 이상적인 형태를 찾기 위한 노력으로 순수 기하학적 요소에서 건축을 형성한 **기하학적 이성주의** (Geometric_rationalistic)와 두 번째로는 철학적 이념을 통해 자연이나 인간의 의식에서 건축적 형태와 공간을 찾아내기 위해 노력한 **유기체적 자연주의**(Natural_organic), 의식과 상상계, 대지의 컨텍스트 등의 해석을 통해 의미를 해체하거나 새로운 의미를 건축에 대입하고자 하였던 **상상적 맥락주의**(Imaginary_contextual), 마지막으로 인간의 행동이나 본성, 감성, 무의식 등과 아주 직접적인 사건으로 다가오는 감각적 수용을 체험하는 공간으로 연출하는 **현상학적 감각주의**(Sensational_phenomenological) 패러다임으로 나누어 생각해 볼 수 있다. 이러한 관점으로 대표적인 건축가와 공간의 사례를 통해 메타포 과정과 다층적 의미효과(Multi layered meaning effect)를 살펴보고자 한다.

## A. 기하학적 이성주의; geometric rationalistic

*:: 르 꼬르뷔제_ Le Corbusier*

20세기 초 유럽의 모던사회는 근대 산업사회의 구조 안에서 과학이 인류에게 제시한 유토피아적인 미래관과 공리주의 윤리관으로써 근대시민의 지위가 향상된 철학적 이상주의가 지향되는 사회였다. 따라서 주관들을 모여 객관화시키는 것은 기계적이고 순수형식의 언어, 즉 기하학적 기초체계를 필요로 했다.

*"기하학은 우주를 이해하기 위하여 인간이 발견한 거대한 수학적 구조로 절대적이며, 무한하고 이해 가능한 것처럼 보이기도 하지만, 때로는 영원히 모호한 상태로 남겨진 듯한 신의 영역이다."* (Le Corbusier)

인간을 수용하는 건축에 있어 기하학의 의미는 공존하는 인간세상 질서의 논리적 환원이며, 건축가에 있어서는 건축 형상의 인식원리로서 현실과 건축 수용 대상인 모델 사이의 괴리감을 좁혀주는 논리적 도구라고 할 수 있다. 건축은 논리적 전개 과정을 통하여 형을 노출시키는 추상화된 작업이다. 이 때 기하학은 건축 현상들의 관계를 분명히 하는 질서체계로 나타나며, 그 질서는 구속력을 갖는 형식으로 가치관을 통해 나타난다.[1)]

공간구성에서 논의되어 온 통일, 비례, 리듬 등과 같은 구성특성들은 공간 자체가 아니라 이를 한정하고 있는 실존의 구성에서 발생한다고 할 수 있다. 즉, 위상학에서 사용하는 공간, 점, 선, 면, 거리 등 건축적 요소와 매우 공통적임을 알 수

1) Christopher Alexander, 「Notes on the Synthesis of Form」, Harverd University press, 1977.

있다. 건물 내의 공간요소들이 근접, 인접, 거리 등의 내제된 관계를 유지하고 있을 때 우리는 그 건물의 공간요소들이 일련의 위상적 관계를 지니고 있음을 말할 수 있는 것이다.

르 꼬르뷔제(Le Corbusier)의 기하학의 정신은 인간의 질서화 하려는 욕구의 표출로 궁극적 최종단계는 순수에 이른다. 건축가와 대상, 건축 등은 각자의 영역 속에 스스로 독립적인 관계를 두어 나름의 뚜렷한 주체성을 가지게 되고 순수 이상적 접근이 가능하게 된다. 기하학은 복잡한 현상에 대해 간단하게 논리적 도식이 가능하고 보편성의 축적에 의한 합목적성을 수반한다. 이것이 보편타당하여 가능해진 기하학의 본질이라면 건축가는 대상을 순수한 본질로 환원시킴으로서 기본적 원형(prototype)을 창조하고 기본적 테마로 택하여 완성, 돋보이게 한다. 근대 기하학적 건축은 형식주의적 유희라고 할 수 있다.[2)]

화가이자 시인이기도 한 그는 형태들과 자연과의 결합에서, 빌라 사보이(Villa Savoye)의 수평 띠 창을 통해 조망되는 자연의 차경을 관찰자로 하여금 기억하도록 하였다.

2) Rudolf Arnheim, 「Art and Visual Perception: A Psychology of the Creative Eye」, Univ of California P, 1974.

[그림_1] 빌라 사보이
(출처: Villa Savoye, Poissy, France, Le Corbusier, 1929)

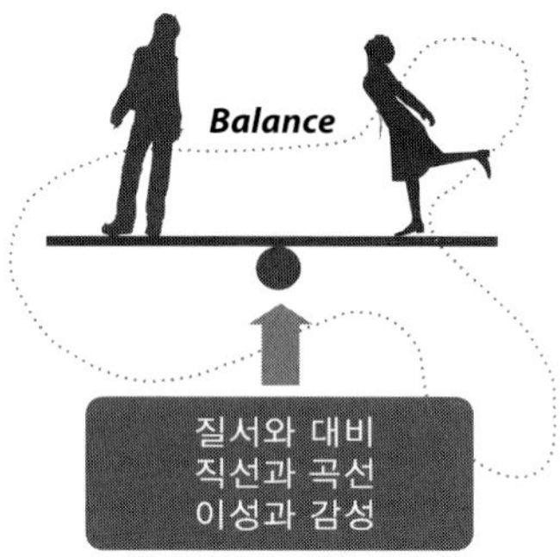


[그림_2] 질서체계와 균형

빌라 사보이의 중간층 입방체와 정육면체의 격자형은 자연으로부터 분리된 근대적 인간의 이성적 틀로서 공간에 내재된 질서이다. 옥상의 스크린 벽과 지상층의 곡선 형태는 격자형 질서와 대비되어 긴장감을 유발시킨다. 결국 공간은 평형형태로 질서를 회복하고 인간에게는 이성과 감정, 합리와 비합리의 통합으로 나타난다.

따라서 질서 체계는 구조가 던져주는 격자들이고 자유로운 형상은 서로 긴장함으로써 균형을 이룬다.

*건축은 주관적, 임의적, 감상적이 아닌 규범과 법칙에 의한 객관적, 합리적, 수학적 건축양식이다. 건축은 질서(Order)이며. 조화는 비례의 일반법칙을 준수함으로써 얻게 되는 것이다.* (Le Corbusier)

꼬르뷔제의 기하학은 공간의 실존적 의미를 규명하는 현상의 물적 세계에 대한 논리적 환원, 혹은 기호 체계이다. 절대적인 순수체계에 이르고자 형식을 줄이고 논리적인 질서 안에 위계를 부여하고자 한 원칙과 도구가 정해져 있었으므로 만들기 쉬울 뿐 아니라 비대상적이므로 어떤 경우에나 동일한 기하학을 적용할 수도 있다. 그러나 그의 기하학적 이성주의 관념은 메타포 프로세스를 부정하고 객관적, 합리적, 수학적인 접근으로써 절대적 질서를 획득하려는 측면으로만 강조되어 있다.

## B. 유기체적 자연주의; natural organic

### :: 안토니오 가우디_ Antonio Gaudy

1900년경 루이스 설리반(L. Sullivan)은 그의 저서 "Kindergarten Chats"에서 대조법을 사용, '유기적' 이란 단어가 의미하지 않는 것을 탐구함으로써 역으로 '유기적 건축' 의 실체를 구하고자 했다. 1940년경 프랭크 로이드 라이트(F. L. Wright) 또한 한 강연에서 '유기적 건축' 에 대한 정의를 이끄는 데 있어 소크라테스의 문답법을 사용하고 있다. 그러나 그들의 시도는 단편적인 것 밖에 되지 못하였다. 유기적 건축이라는 실체는 말로써는 설명될 수 없는 것으로 오로지 그들의 건축 속에 내포된 원리일 수 밖에 없는 것이다.[3] 같은 이유로 '기하학적 건축' 또한 그 실체를 파악하기가 힘들다. 다만 논리적 구조를 갖는다는 점에서 유기적인 것에 비하여 그 해석이 용이하다고 할 수 있지만, 그 난해성은 여전한 것이다. 현재에 이르러서는 양자는 상호불가침이라기 보다는 상호 보완에 가까우며, 그들의 실체는 잘 드러나지 않는 정신 구조적 문제이다.

19세기의 대표적인 건축가 안토니오 가우디(Antonio Gaudy)는 우리의 시각으로 바라보았을 때 메타포 과정에 아주 충실한 건축가로 볼 수 있다. 그는 대부분 사람

3) S. Giedion, 「Space, Time and Architecture」, Harvard University Press, 1967.

들의 마음속에 담겨 있을 수밖에 없는 가장 보편적이면서도 많은 감흥을 불러일으키는 자연이란 소재를 가지고 건축에 투영시키고자 하였다.

*"자연은 신이 창조한 건축이므로 인간의 건축은 그것을 배워야 한다."*

*"독창적이라는 말은 자연의 근원으로 돌아가는 것을 뜻한다."* (Antonio Gaudi y Cornet)

가우디는 항상 자연 속에서 개념을 찾았기 때문에 우리에게 친숙하며 다소 유치할 정도로 순수하고 따뜻한 느낌을 전달한다.

바르셀로나 사람들에게 '뼈로 된 집' 이라고 알려진 'Casa Batllo' 의 경우 초기 컨셉은 인간의 형상을 표현하는 것이었다고 한다.[4] '건축 구조의 형태를 명료하게 표현하는 것은 동물의 골격이다.' 라는 직관력이 전면 파사드에 표현되어 가우디의 독창성이 더욱 돋보였다고 할 수 있다.[5]

건물의 표면은 자연의 파도와 같은 곡선으로 리듬을 표현하였으며 화려한 색상의 세라믹 조각과 발코니의 차가운 돌은 극적인 대조를 이룬다. 지중해라는 자연환경 속에서 지낸 그들에게 파도는 더욱 익숙한 요소이며 청각과 시각 모두를 자극하였을 것이다. 그러한 감각을 통해 마음에 생성된 리듬이 건물 표면에서 형상화되었을 때 사람들은 몸과 마음의 균형을 이루어 냄으로써 메타포 과정을 경험한다. 또한 화려한 색감과 차가운 돌의 대조는 그 안에서 상호보완적 관계를 이루어 냄으로써 건물 전체에 하나의 질서를 부여한다.

뼈로 형상화된 건물의 디테일은 공간과 결합하여 살아있는 역동성을 전달함

4) Gijs van Hensbergen, 「Gaudi : A Biography」, Harper Perennial, 2003.
5) 김대년, "카사 바트요의 조형적 특성과 가우디의 건축적 사고 연구", 한국주거학회논문집 제15권 5호, 2004-10.

[그림_3] Casa Batllo의 외관

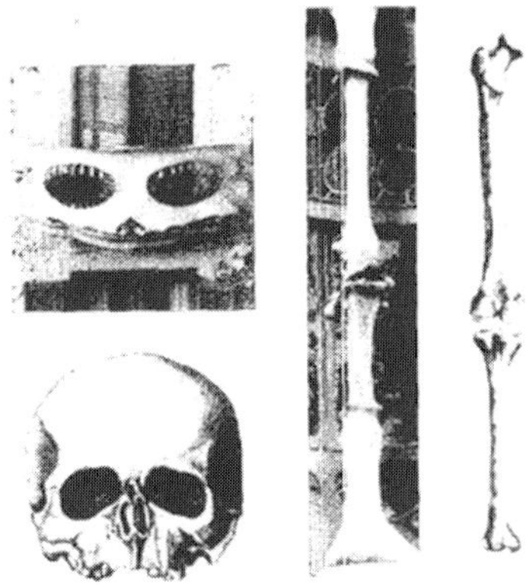

[그림_4] 두개골 형상의 난간과 정강이 뼈 형상의 창 장식

으로써 생명이 살아 숨 쉬는 유기체와 같은 느낌을 준다. 이 공간에서 인간은 마음에 가지고 있던 생명체에 대한 무의식적인 기억들이 떠오르면서 '살아있음'을 다른 방식을 통해 받아들이게 된다. 만약 해골과 뼈의 형태만 모티브로 따왔을 뿐 역동적으로 표현되지 않았다면 사람의 지각을 자극하지 못하고 조형성만 전달되었을 것이다.

[그림 5]와 같이 'Casa Batllo' 내부에서 바라보았을 때에는 그 실루엣과 햇빛이 투과되는 파랑색 유리가 마치 굽이치는 파도 속에서 움직이는 해초처럼 바다 속을 연상시킨다. 생명체의 변화 속에 새로운 의미를 형성하면서 파생되어지는 다양성과 유동성을 건축 공간 요소에 표현하여 예기치 않은 변위를 만들 수 있다.

이처럼 가우디는 사람들이 자연에서 감흥을 받는 성격들을 알고 있었고 그것들을 이용하여 새로운 작품을 만들어낸 것이다. 그래서 사람들이 그의 작품을 지각했을 때 그가 표현하고자 함을 공감했고 그 작품에 대해 찬사를 아끼지 않는 것이다.

가우디와 같이 자연을 소재로 한 건축가들은 많다. 하지만 가우디는 자연을

[그림_5] Casa Batllo 내부 모습
(출처: Casa Batllo, Barcelona, Spain, Antoni Gaudi, 1877)

그대로 보여준 것이 아니라 사람이 자연을 통해 느끼는 것들, 감흥을 받는 요소들을 찾아서 표현 하였기에 그의 작품이 인정을 받는 것이다. 그와 비슷한 형태를 보여주는 알바 알토 역시 같은 맥락에 속한다고 볼 수 있다.

### :: 알바 알토_ *Alvar Aalto*

[그림_6] 알바 알토의 작품들

알바 알토(Alvar Aalto)는 핀란드 출신의 건축가로 근대 모더니즘의 5대 거장에 포함되는 대표적 작가이며, 그의 작품은 북유럽의 지형적, 정신적, 역사적 요소로 민족주의적 정서가 강한 특징이다. 그의 자율적이고 유동적인, 그러나 기능을 충실히 수행하는 이런 요소들은 그 건축물 하나하나가 살아서 조금씩 성장하는 한 유기체적인 환상을 일으키게 한다.

여기서 알바 알토와 가우디의 차이점이 있다고 볼 수 있는데 가우디는 자연이 주는 보편적 감흥의 의미를 찾아서 표현하였다면, 알토는 자신이 살면서 경험한 지역적 성격이 강하게 드러난다.

북유럽은 재료의 가공능력이 결여되어 있었기 때문에 자연 속에서 직접 구할 수 있는 건축 재료들을 찾을 수밖에 없었다. 돌 조각, 나무줄기, 그리고 동물가죽 등이 가장 쉽게 선택되었을 것이고 그에 따라 건축 예술은 발견된 재료들을 정확하게 조립하는 일이었다. 알토의 자연적인 건축 재료의 사용은 그의 자연주의적 성향을 여실히 반영하고 있다.

*"예술은 순전히 물질적인 세계를 통합할 수 있는 방법에 대한 힌트를 얻을 수 있다. 옛 것은 아무 것도 그대로 재생되지는 않는다.*
*그러나 그것은 결코 사라지지 않는다."* (Alvar Aalto)

알토는 건축이 단지 합목적적이고 기능적으로만 충실한 보편적인 건축이 아니라 내외부에서 살아 움직이는, 유기적인 구성 체계를 갖는 **'성장하는 건축'** 이라고 말하고 있다.[6] 그의 작품들이 마치 성장하는 것처럼 느껴지는 이유는 알토가 자연의 유기적인 모습을 표현하였고 우리가 그것을 공감했기 때문이다. 옛 것이 새로운 형태로써 탄생되는 것이 바로 그가 자연을 통해 경험한 기억을 가지고 새로운 작품으로 창조하였기 때문에 우리에게 감흥을 주는 것이다.

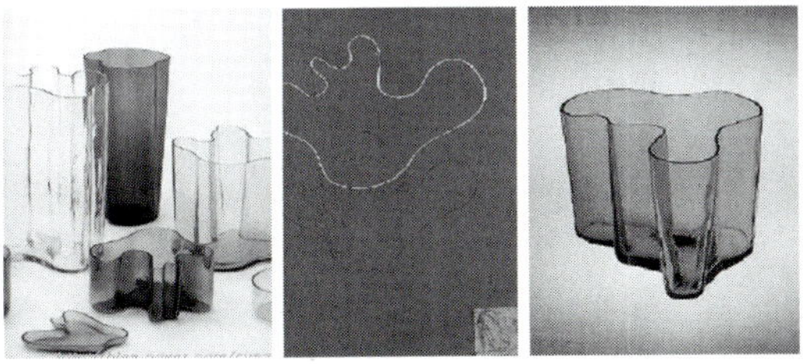

[그림_7] Savoy Vase의 유기적 형태 (출처: Savoy Vase, Alvar Aalto, 1936)

친환경에 유독 관심을 보인 알토는 헬싱키에서 북으로 달리는 열차에서 끝없이 이어지는 자작나무숲과 수없이 많은 호수로 이루어

6) 문수일 역,「알토와 핀란드(북의 풍토와 근대 건축)」, 공간출판사, 1993.

진 핀란드의 자연을 모티브로 삼아 건축물이나 실내디자인에 적용하였다. 알바 알토에게는 건축-가구 못지않게 꽤 유명한 작품이 하나 더 있는데, 그것이 'Savoy Vase' 이다.

이 꽃병은 알토가 디자인한 스톡홀름의 레스토랑 '사보이' 에 사용되기 시작하면서 일명 '사보이 꽃병(Savoy Vase)' 으로 불리기 시작하였다. 알토의 사보이 꽃병은 일반적인 유리 디자인의 전통인 좌우대칭을 과감히 깨어버린 새로운 시도로 상품화되어 출시되자마자 큰 호응을 받으며 지금까지 꾸준히 생산되고 있다. 알토의 사보이 꽃병이 지속적인 사랑을 받는 이유는 무엇인가. 그것은 불규칙적이고 불균형한 형태를 기초로 유리와 같은 천연소재에 풍부한 상상력을 가미하여 독특한 그만의 양식을 만들어내었고, 그의 예술적 감성에서 사람들은 감흥을 받을 수 있기 때문이다.

사보이 꽃병은 알바 알토가 북유럽의 아름다운 자연인 피오르드를 보고 형상화시킨 작품이다. 피오르드나 그와 비슷한 환경을 경험한 사람이라면 그의 작품에서 감흥을 받게 되지만 그런 경험이 없는 사람들에게는 감흥이 다르게 전달될 것이

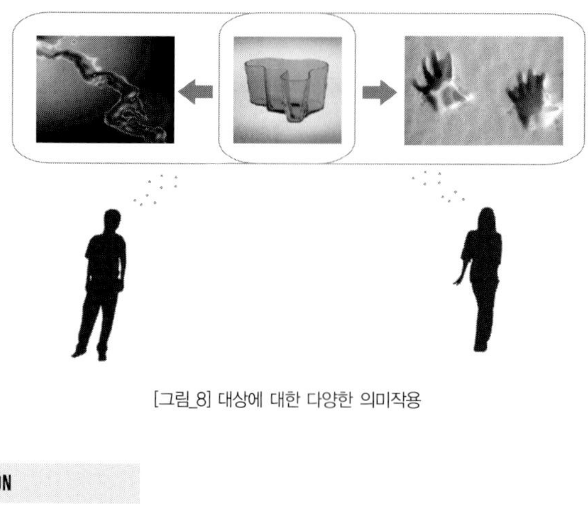

[그림_8] 대상에 대한 다양한 의미작용

다. 그것은 사람들의 경험의 차이이며 때문에 사람들이 느끼는 의미가 다르게 다가오는 것이다.

이처럼 알바 알토는 인간의 육체적, 정서적 요구에 관심을 가지고 자연적인 관점에서 현상을 이해하고자 하였다.

## C. 상상적 맥락주의; imaginary contextual

*:: 다니엘 리베스킨트_ Daniel Liebeskind*

*"역사의 붕괴와 소멸을 겪은 후에도 사람들의 발걸음이 여전히 똑같이 그 장소를 지나고 있음을 깨닫는 것보다 신비롭고 유쾌한 것이 어디 있겠습니까?"* (Daniel Liebeskind)

[그림_9] 베를린 유태인 박물관의 탄생 (사진출처: http://www.daniel-libeskind.com)

다니엘 리베스킨트(Daniel Liebeskind)는 유태인으로 태어났다. 그는 전쟁을 직접 겪지는 않았지만, 잠재의식 속에는 유태인 학살, 나치에 대하여, 그리고 베를린에 대해 상처와 고통의 기억을 가지고 있다. 베를린 유태인 박물관 설계 과정을 살펴볼 때 빠져서는 안 되는 것이 그의 태생과 자라온 배경이다. 그는 박물관을 의뢰 받았을 때, 홀로코스트(Holocaust)[7]의 생존자로부터 태어난 자신을 떠올렸고, 자신의 가족이 당한 고문과 죽음을 떠올렸을 것이다. 그는 이러한 과정을 통해서 사람들이 유태인 학살의 역사와 그에 따른 책임을 잊지 않기를 바라면서 건축에 표현하려고 하였다. 홀로코스트가 남긴 공허함을 표현하기 위해서 과장될 정도의 규모의 빈 공간을 만들었다. 그리고 유태인 수용소의 어둡고 추운 이미지를 표현하기 위해서 지나치게 높은 벽을 세우고 난방이 되지 않는 공간을 만들었으며, 빛이 최소한으로 들어오게 띠 창을 이용하였다. 이러한 요소를 통해서 베를린 유태인 박물관이 탄생하게 되었다.

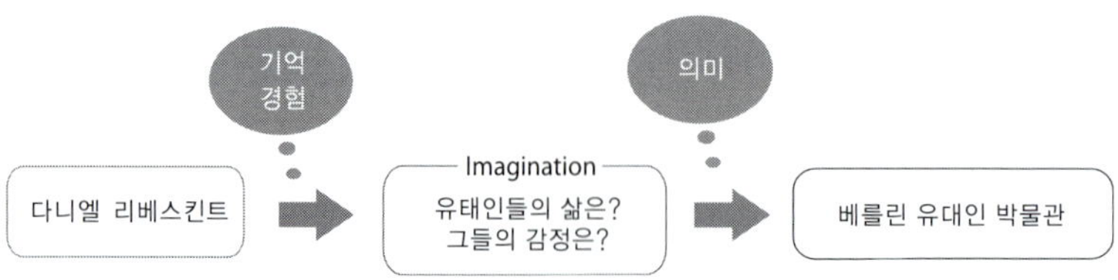


[그림_10] 다니엘 리베스킨트의 사고과정

그렇다면 사람들은 베를린 유태인 박물관을 어떻게 받아들일까?

*"대학살 타워의 공간은 완전히 거대한 공간, 매우 폭이 좁은, 그리고 전혀 난방이 되지 않는, 그래서 겨울에도 추운 그러한 공간으로 되어 있다. 이것은 전례가 없는 공간으로, 사람들이 박물관에서 본 것을 마음속에 정리하고, 방향하고, 숙고할 기회를 준다. 물론 예술이나 역사를 보여주기 위한 전시뿐만 아니라 관람자들이 경험했던 것들에 대한 문제들을 그들 스스로 불러일으킬 수 있는 새로운 전략과 새로운 방법을 모색하는 공간이기도 하다. 내부의 망명 정원과 대학살 타워 공간은 그곳 그 장소가 가지고 있는 장소의 혼을 불러일으키고자 한 것이다. 그래서 유태 박물관 개념의 기초는 땅에서 부터 출발한다. 새로운 건물은 이러한 장소가 지니고 있는 흔적 위에 덧 쓰여진다."*[8]

[그림_11] 다양한 반응과 의미효과

좁은 곳의 답답함, 높고 어두운 곳의 공포, 추위의 두려움과 싸늘함, 빛 한줄기의 희망과 공포. 이러한 감정은 대다수의 사람들의 기억 속에 가지고 있는 공통점이라고 볼 수 있다. 유태인의 삶을 경험했거나 유태인에 관하여 간접 경험을 한 사람이라면 그들의 고통과 고문을 상상하게 되면서 안쓰럽고 숙연해지는 감정을 느끼게 된다. 그러나 유태인에 대한 기억이 전혀 없는 사람이라면 공간에 대한 감정만을 간직한 채 돌아갈지도 모른다. 이는 공통된 메타포의 부재에 따른 것이다.

*:: 피터 아이젠만_ Peter Eisenman*

이처럼 사람들에게 감흥을 주기 위해서 자신만의 소재를 찾고 그것들이 주는 의미를 표현하고자 했던 건축가도 있지만, 이러한 것들을 부정하고, 새로운 의미를 찾고자 했던 건축가들도 있다.

대표적인 건축가로 피터 아이젠만(Peter Eisenman)을 들 수 있다. 그는 우리에게 해체주의 건축가로 알려져 있으며 포스트모더니즘 이후 이성, 의식, 확실성, 일관

7) 제2차 세계대전 중 나치스 독일에 의해 자행된 유대인 대학살을 뜻한다.
8) 오혜선, "몸의 관점으로 본 현대 건축의 표현 양상 연구", 국민대학교 대학원 건축학과, 2003.

성, 연속성, 동질성 등 근대적 사유의 틀을 버리고, 언어, 무의식, 불확실성, 모순, 단절에 초점을 맞추었다.

1980년대 이후 등장한 해체주의 건축은 건축물을 구성하는 개별요소의 형태를 격렬하게 대립시켜 기존의 총체성의 개념을 거부하고 차이의 존재를 부각시킴으로써 새로운 건축적 의미를 부여하는 특징을 가진 흐름이다.

*"오늘날의 건축은 그 고유의 가치성을 잃어버렸다."* [9] *(Peter Eisenman)*

[그림_12] Wexner Center for visual art, Columbus, Ohio

피터 아이젠만은 대지의 의미를 전통적인 미학적, 구조적, 역사적 관점의 억압으로부터 벗어나 텍스트화 시켰다. 오늘날의 건축이 그 고유가치성을 잃어버렸다고 주장하였는데, 이는 합리적 사고와 철학적 논리가 우리의 사고를 지배해왔기 때문이라고 하였다. 피터 아이젠만의 이러한 이론이 구체적으로 적용된 사례로 '오하이오주립대학의 웩스너 시각 예술 센터(Wexner Center for visual Art, Columbus, Ohio)를 들 수 있다.

대지의 인위적인 발굴이라는 새로운 다이어그램을 적용하면서 기존대지에 내재해있던 여러 가지의 의미들을 각각의 개별 맥락(context)으로 분리한 후, 각 맥락을 중첩시키는 방법을 통해 대지에 내재한 잠재성을 드러나게 하는 방법을 취한다.

9) Peter Eisenman, 「Architecture and The Problem of The Rhetorical Figure」, Theorizing a New Agenda for Architectural Press, 2001.

피터 아이젠만의 이러한 사상들은 인간은 주체적 위치를 상실했으며 인간과 상관없이 창조적 기계를 통해 생산되는 의미를 통한 해방을 말하고 있다. 하지만 그의 이 같은 생각들이 건축을 통해 그가 원하는 텍스트의 성질로써 나타난다고 확실할 수 있는가?

피터 아이젠만의 건축적 요점은 전통적인 건축 구성 방법의 철저한 부정에서 시작된다. 감각보다 추상적 특성을, 명백한 의미 대신 암시적 의미를, 역사적 맥락의 총체적 부정에서 출발하는 피터아이젠만의 건축은 새로운 독자적 건축어휘를 구축하기 위한 방법이다.

그가 말하는 의미는 메타포가 없는 전혀 새로운 의미를 형성시켜 주입하는 것이다. 즉 극단적인 낯설음으로 인해 기존의 의미를 없애는 것이다. 그것들은 기표의 놀이로, 텍스트로 인해 탄생된 것들이다. 하지만 이렇게 탄생된 공간은 전혀 인지 할 수 없는 공간으로 창조되었다. 그는 새로운 의미를 창조하기 위해서 새로운 의미를 사용하였기에 사람들이 그의 건축을 보고 관계성을 찾지 못하게 되고, 결국 건축가의 의미를 찾지 못하는 것이다.

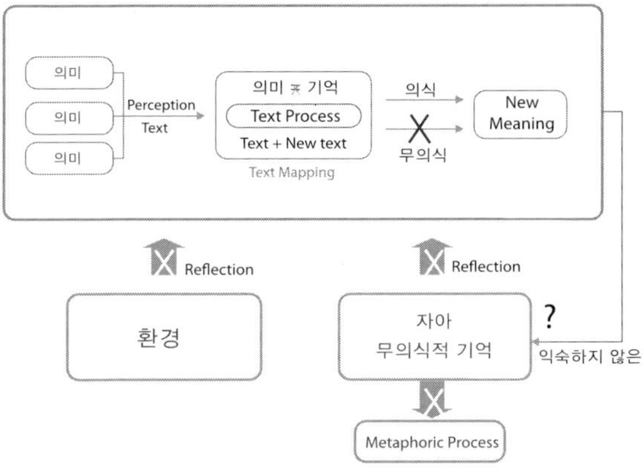


[그림_13] 의미의 오류

건축가가 주장하는 의미를 그곳을 찾아오는 사람들이 건축물을 보고 직관적으로 받아들이지 못한다면 그것은 어떠한 감흥도 줄 수가 없다.

### :: 프랭크 게리_ Frank O. Gehry

초반기에 해체주의 건축가로도 분류되었고 피터 아이젠만과는 유사하나 전혀 다른 방향으로 건축에 의미를 부여하고 있는 프랭크 게리(Frank O. Gehry)에 대해 살펴보면 또 다른 무의식적 의미에 대해 메타포과정이 가능하다는 것을 알 수 있다.

프랭크 게리가 말하고 싶은, 적어도 그를 지켜보는 많은 이들이 말하는 그의 양식은 해체주의이다. 하지만 그의 건축은 흔히 자신을 해체주의라 말하는 이들과는 이론이나 그 결과가 다르다는 것을 알 수 있다. 언어라는 이성적인 틀로써 규정지어진 그의 작품을 살펴보면서, 우리는 단순히 환유라는 언어로서 설명되어질 수 없는 그의 작품과 그것을 지켜보는 이들이 느낄 수 있는 메타포과정을 살펴보고자 한다.

그의 건축의 시작은 극히 모던한 건축물이었다. 위의 작품은 게리의 초기 작품으로서 작업실과 주거가 결합된 작품이다. 그는 건물 자체를 무덤상자(Tomb box)라고 별칭을 만들었을 뿐 아니라, 입면의 육중한 표면은 밋밋한 기계적인 효과를 내기 위한 것이라고 말한다.[10] 이후 그는 건축에 대한 사고를 달리 하기 시작하는데 다음과 같은 그의 말에서 알 수 있다. "사각형의 창, 상자는 예측 가능하므로 감흥을 줄 수 없다. 모든 곧은 것들이 없는 것들에서만 다른 감흥을 가질 수 있으며,

10) Germano Celant, Mason Andrews, 「Frank Gehry–Buildings and Projects」, Rizzoli, 1985.

[그림_14] Danziger Studio and Residence, Hollywood, 1965

이러한 감흥들이 주는 반영물이 앞으로 나의 작업의 주테마이다."

게리는 자신의 작품을 모더니즘 건축에서 벗어나기를 시도하는데, 그는 단순히 자신의 작품이 사람들에게 감흥을 주기 위해서 노력했을 뿐 그것을 어떻게 해야 되는지는 알지 못했다. 하지만 이러한 시도는 건축을 이성적 시대의 산물로써 보는 그 당시에는 많은 이들에게 아주 획기적인 것이었다. 공간을 분할시키기도 하고 결합시키기도 하면서 모더니즘과 해체사이에서 사람들에게 감흥을 주기위해 공간을

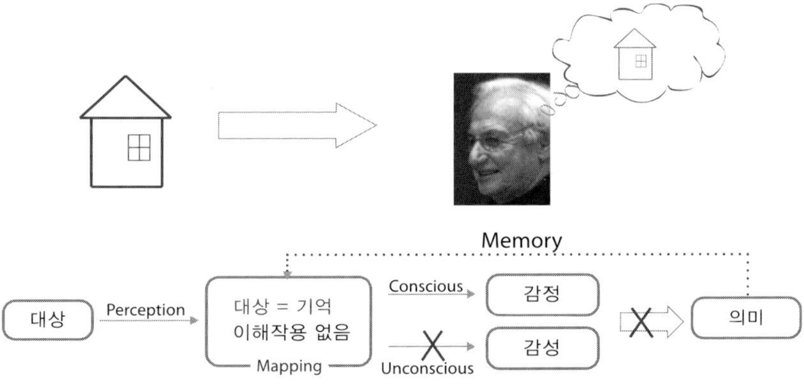


[그림_15] 의미 작용

분석하고 있었다. 하지만 이러한 다양한 시도를 통해서 자신의 무의식에서 나온 감흥이 새로운 감흥을 줄 수 있다는 사실을 발견하였다. 그것은 자신의 무의식 속에 깊게 잠들고 있던 '뱀과 물고기' 였던 것이다. 그는 그것들을 건축에 표현하고자 노력했다. 초기에 그는 우선 자신의 무의식 속에 있던 그것을 의식화하는 작업을 하였는데 그것은 단순한 뱀과 물고기였다. 뱀과 물고기가 주었던 감흥을 끌어내기 위해 그것들을 사용하여 건축물을 만들었던 것이다.

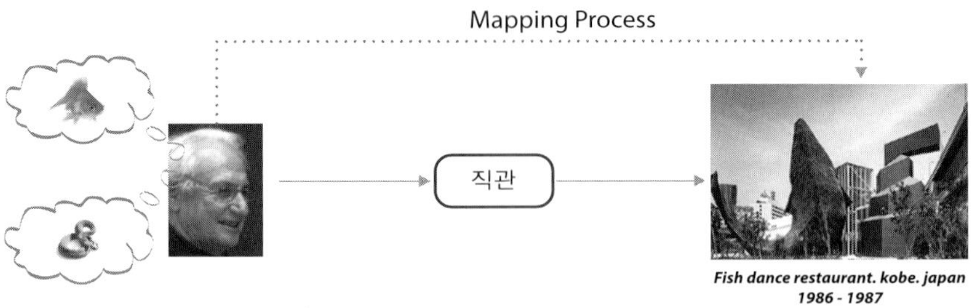


[그림_16] 맵핑 과정

그것은 극히 직관적이어서 그것을 바라보는 이들은 의심의 여지도 없이 그것을 뱀과 물고기로서 바라볼 수밖에 없었다. 이것은 사람들의 의식적인 기억 속에 있는 것과 단지 스케일만 달랐을 뿐 별다를 것이 없기 때문에 기존의 모더니즘 건축과 다를 것이 없었다.

하지만 게리는 감흥을 줄 수 있는 연구를 계속하였고 결국 자신이 감흥을 받았던 것을 다른 이들에게 전달할 수 있는 능력을 갖게 되었다. 대표적인 예로써 빌바오에 있는 구겐하임 뮤지엄을 들 수 있다. 그는 어린 시절의 뱀과 물고기에서 받았던 감흥이 무엇인지에 대해 생각하였고 그 무의식의 것들을 역동성과 반짝임이라는 이성적 분석을 하게 되었다. 또한 그것들과 같은 의미를 지닌 현대의 것들을 조화시킴으로서 전혀 새로운 무의식의 형상으로서 표현하게 되었다.

그는 자신의 내면에 있는 무의식의 것들의 동일성을 찾아내어 그것을 의식화

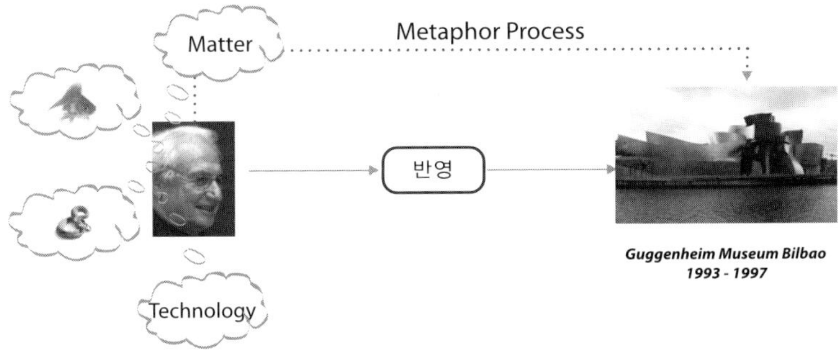


[그림_17] 메타포 과정

시켰고 그것들끼리의 새로운 조합을 통하여 새로운 무의식으로 반영하였다. 이것을 본 다른 이들은 새로운 무의식을 보면서 자신이 갖고 있는 내면의 것들로서 그것을 이해하려고 노력하게 되고 결국 인간의 내면에 공통으로 갖고 있는 무의식의 기억을 통해서 그것을 상상하고 감흥을 얻게 되는 것이다.

이처럼 게리가 말하고자 하는 감흥을 주는 건축물은 인간의 감각하는 몸과 메타포 과정을 잘 보여주지만, 아직까지 자연에 기원한 기억과 상상을 통한 의미로써만 받아들여지고 있다.

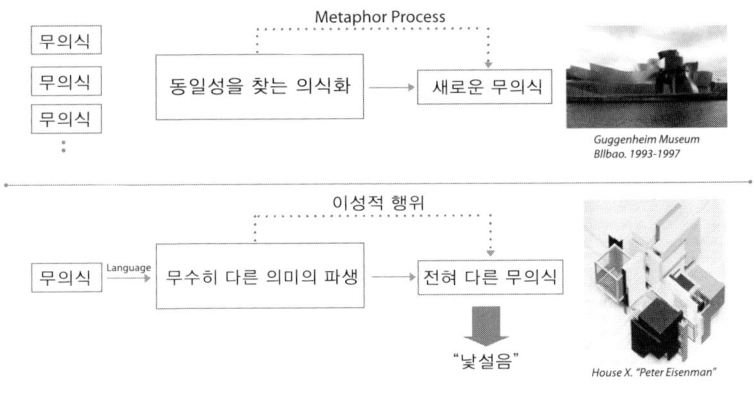


[그림_18] 은유의 역동적 의미효과

## D. 현상학적 감각주의; sensational phenomenological

*:: 피터 줌토_ Peter Zumthor*

피터 줌토(Peter Zumthor)는 1943년의 태생으로 스위스 바젤에서 태어났다. 그는 애초부터 건축가는 아니었다. 어린 시절부터 아버지의 가업을 따라 가구 제작자로서 자신이 선택한 재료와 그 재료를 취급하는 데에 있어서 높은 품질의 장인의 기능을 보여줬다.

*"나는 구비와 소비 하는 데에 헌신을 하는 배경이 아닌 무언가를 만드는 배경에서 성장해 왔다"* (Peter Zumthor)

[그림_19] Kunsthaus Bregenz

[그림_20] 전시 공간

아직까지 그의 작품이 많지는 않다. 하지만 그 작품은 확연히 장소, 물질성, 공간과 빛, 그리고 건축의 이러한 기초적인 요소에 관한 인간의 반응에 대한 세심한 관심을 갖은 작품들이다. 이는 아마도 이러한 자신의 과거 경험이 메타포되어 나타난 결과일 것이다.

줌토의 건물들은 항상 많은 부분에서 감각적이며 이는 후각, 미각, 촉각, 청각 그리고 시각적인 자극에도 기여를 한다.

'Kunsthaus Bregenz Art Museum(Bregenz, Austria)' 은 코스탄스 호수에 발광체로 서 있다. 그것은 에칭 유리(Etched glass shingle)와 철재프레임 그리고 콘크리트 매스로 만들어 졌다. 계절과 시간에 따라 변하는 빛은 공간의 이용자가 감정의 변화를 느끼게 할 수 있는 가장 효과적인 도구이고, 줌토는 이러한 빛이라는 요소 하나 만으로 많은 종류의 감정을 주어 이용자들이 그 공간에 대한 색다른 기억을 심을 수 있도록 하였다.

*"건축은 자신만의 세계를 소유한다. 그것은 인생과 특별한 자연적인 관계를 가진다. 나는 그것을 메시지나 심볼로 생각하지 않으며 단지 그것이 포함하고 있고 주위에 있는 인생의 봉투나 뒷배경이라고 생각한다. 바닥의 발자국 소리, 작업의 집중력, 수면의 조용함의 컨테이너..."* *(Peter Zumthor)*

줌토가 형태를 만들기 위해 접근하는 수단은 이미지를 통해서이다. 그는 디자인의 행위는 이미지를 위하여 자신의 상상력을 조사하고 그들의 장점들을 이해하는 것이라고 한다. 그는 또한 자신의 스튜디오 학생들에게 자신들의 경험과 작업하라고 제안한다. 디자인을 할 때 추억에 떠오르는 방에서 무엇이 그들을 감동시켰는지 자신들에게 물어보라고 한다. 이 방은 어땠는가? 어떠한 냄새를 가지고 있었지? 나의 목소리는 어떻게 들렸지? 빛은 어떻게 들어왔지? 등등 구체적 이미지들은 이러한 감각적인 경험들을 전체로 압축시킨다. 그는 또한 다른 경험의 기억들이 우리가 물건에서 받는 경험을 투과한다고 한다. 이는 메타포의 한 과정으로 옛 이미지들은 결국 새로운 이미지들이 되고, 우리는 이러한 메타포 과정으로 그것을 본 적은 없지만 왠지 모르게 친숙하게 느낄 수 있다.

줌토의 건축은 우리 자신의 경험을 경험하게 해준다. 하지만 경험은 단 한 사람에게만 유효할 수는 없다. 나의 경험은 동시에 공동적이어야 한다. 그가 건축 혹은 그 공간을 단순한 메시지나 심볼(symbol)로 치부하지 않고, 이를 경험하는 이용자들에게 공통적이고도 일정한 경험을 줄 수 있도록 하는 감정을 제공하기 때문이다.

[그림_21] Thermal Bath Vals (출처: http://www.galinsky.com)

'Thermal Bath Vals' 에서 줌토는 주위 산들과 관련된 목욕형식을 제안한다. 목욕에서의 조용하고 기본적인 경험과 자신을 씻는 것, 물에서 휴식을 취하는 것, 다른 공간에서의 다른 온도와 몸과의 접촉, 돌을 느끼는 것 등의 구체적인 이미지들은 '산, 돌, 물, 돌로 건축, 돌로 시공, 산에 세움' 이란 건축적 해석 단계를 통해 형태로 디자인된다.[11] 내부의 노출된 석재의 단층들을 통한 물성은 시간의 흐름을 이용자들이 자연스레 감지하게 한다. 저 무의식의 기억과도 부합하여 존재하는 의식적(ritual) 경험은 또 한 번 공간을 자신만의 고유한 기억으로 간직하는 것을 가능하게 한다.

11) Peter Zumthor, 「Thinking Architecture」, Work within Things, 1998.

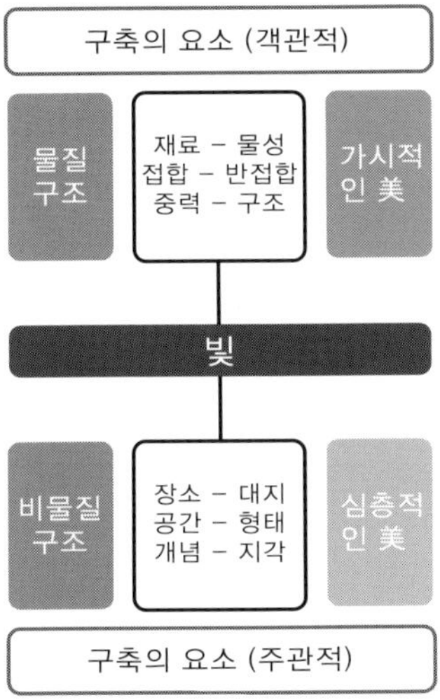


[그림_22] 줌토의 건축과 구축성 개념

*"내가 디자인하는 것이 한 장소의 일부분, 그 주위의 일부분, 이용되고 사랑 받을, 버려지고 때론 미움을 받을 즉 넓은 의미에서 그 안에서 살아갈 것이다."* (Peter Zumthor)

줌토는 자신이 구체화시킨 이미지 구축을 위한 요소로 빛과 재료적 물성으로 표현하여 공동적인 경험을 가능하게 하고, 이용자들의 기억을 자극시켜 공간을 통한 새로운 의미를 만들어 주는 공간을 탄생 시킨다. 피터 줌토와 앞에서 설명한 건축가들 외에도 인간의 메타포 과정을 통하여 사람들에게 감흥을 주고 마음속에 의미로서 받아들여지는 건축가들이 있다. 우리는 그들이 거장이어서 좋아하고 그의 주장을 이해하고 있는 것이 아니라 그가 표현하고자 했던 의미가 우리의 메타포를 통하여 받아들여지기 때문에 좋아하는 것이다.

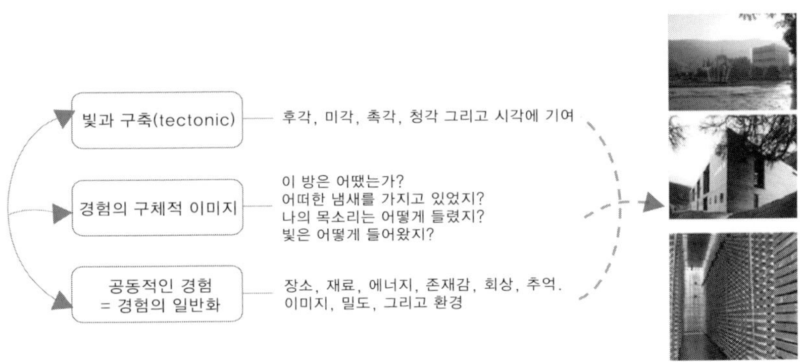


[그림_23] 감성적 메타포 과정

[그림_24] Vals 온천장의 내부 (출처: http://www.archidose.org)

### :: 스티븐 홀_ Steven Holl

*"현상의 경험, 즉 물체의 지각과는 구별되는 공간과 시간에서의 감각은 건축을 위해 전 이론적인 토대를 제공한다. 다시 말해 그런 지각은 이론 이전이다. 그것은 우선되는 사고를 요구한다. 지각의 문제를 다루는데 있어서 현상학은 우리로 하여금 건축을 걷고, 만지고, 들음을 통해서 경험하게 한다."* 12) *(Steven Holl)*

스티븐 홀의 '지각의 탐구(Question of Perception, 1994)' 와 '상호 얽힘(Inter-wining, 1996)' 에서 그는 건축을 통해서 공간과 감각적이고 살아있는 상호 얽힘을 만들 수 있음을 강조한다. 빛, 색채, 물, 소리 등의 현상적 영역(phenomenon zone)은 지각적 현상-시각은 물론 촉각, 청각, 후각, 미각 등-의 상호 얽힘의 결과이다. 그것은 하나의 감각적 영역의 이미지가 다른 감각적 영역의 이미지와 상호작용 하여 통합된다. 이렇게 드러난 현상적 영역은 빛과 재료의 물성, 그리고 신체의 움직임과 결합되어 현상적 공간으로 구체화되는 것이다. 이것은 또한 상호 얽혀 짜여진 지각적 중첩 현상을 통해서 교직된 공간(interwined space)을 만들어 낸다. 이 때문에 그는 공

12) Steven Holl, 「Pre-theoretical Ground: Steven Holl」, Birkhauser, 1993.

간, 빛, 색채, 기하학, 디테일, 재료 등을 상호 얽혀 짜인 연속체로 보았다.

*"건축은 시간과 공간의 감각적이고 살아있는 상호 얽힘을 만들어 낼 수 있다. 건축은 우리가 살아가는 방식을 변화시킨다. 현상학은 본질의 연구에 관계 한다. 건축은 본질(Essence)을 존재로 드러내게 하는 잠재력을 지닌다. 형태, 공간, 빛을 서로 엮음으로써 건축은 구체적인 대지, 프로그램, 건축 등으로부터 드러나는 다양한 현상을 통해 일상적인 삶의 체험을 고양시킬 수 있다."* [13] *(Steven Holl)*

지각의 활성화를 통한 현상학적 공간을 연출하는 방법 중에 메타포 과정과 연관 있어 보이는 것은 빛에 따른 현상을 지각적으로 활성화하는 방법으로 재료의 변형, 색채 사용과 신체의 움직임에 따른 현상의 변화를 이용하기 위해 동선을 다양하게 하고 연속된 공간을 중첩시키며 분절된 면의 변형, 움직이는 벽면 등을 사용한 것이다.

뉴욕의 'D. E. Shaw & Co.'는 1988년 물리학자가 창립한 금융기업으로 맨해튼 중심지에 위치하고 있다. 고층건물의 꼭대기에 있는 두 개 층은 공간적 색채 반사, 혹은 '투영된 색채' 현상을 실험한 프로젝트로, 내부 공간에서 이동하는 사람들은 다른 색채를 통해 반사된 색채를 보고 또 그 색채를 통해 반사된 다른 색채를 보게 된다. 이 작품을 통해 알 수 있는 것은 그가 다양한 공간적 색채 반사를 시도함으로 여러 감성적 공간을 사용자에게 경험하게 한 것이다.

스티븐 홀은 건축공간의 지각은 촉각적 영역의 재료와 디테일에 있다고 하며, 건축 재료를 사용하는데 있어서 재료의 자연적 본성을 잃지 않고 오히려 더욱 증대

13) Steven Holl, 「Inter-wining」, 1996.

[그림_25] D. E. Shaw & Co.,

[그림_26] Stretto House

시키는 방향이 지각을 다양하게 변형시킨다고 하였다.

텍사스에 있는 'Stretto House'는 음악에서 중복되는 '스트레토'[14] 주법처럼 연주되는 바르톡의 '현악기와 타악기, 건반악기를 위한 음악'에 비유하여 결정된 형태를 취하고 있다. 평면들은 경사지의 조건을 그대로 살려 한 공간의 레벨을 다음 레벨로 끌어올리고, 지붕 평면은 공간을 벽 위로 끌어 올리며, 아치형의 벽은 채광창으로부터 빛을 아래로 끌어내리는 역할을 한다. 액상 형태로 주조된 유리와 콘크리트, 유리와 액체 테라조의 자재를 통해 공간적 개념들이 연속된다. 이러한 재료의 변형은 빛의 변화를 유도함으로써 지각을 촉각적으로 활성화시킨다.

이러한 감각을 이용하여 그곳을 체험하는 이들에게 감각경험을 갖게 하고 시적인 감흥을 일으키게 하는 것이 바로 메타포가 갖는 풍부한 힘이라고 할 수 있다. 다시 가서 보고 또 보아도 새로운 의미로 재해석되고 뭔지 알 수 없는 미묘한 마력과 같은 느낌을 떨쳐버릴 수 없다. 이는 다층적 의미효과로 여러 층이 겹쳐있는 마

14) 긴장을 고조시키고 긴박함이라는 뜻의 연주 기법

치 퇴적층과 같은 단면을 자르고 잘라도 새로운 의미의 재해석이 가능한 것이다.

우리는 4가지 패러다임의 건축가들과 그들의 작품을 통하여 각기 어떠한 사고를 가지고 건축을 이해하고 디자인하였는지 살펴보았다. 그들이 의도적으로 하였건 비의도적으로 하였건 기하학적 이성주의관은 절대적인 질서를 획득하여 순수기하학적인 형태로만 해석하였고 유기체적 자연주의관은 몸을 통한 직접적인 감각에만 호소하였으며, 상상적 맥락주의관은 완전한 의미의 해체를 통해 다름을 추구하는 것, 마지막으로 현상학적 감각주의관은 과거 경험을 통해 새로운 의미로 재해석 하도록 하였다.

# Balance

균형

지금까지는 기학학적 이성주의, 유기체적 자연주의, 상상적 맥락주의, 현상학적 감각주의의 네 부류의 건축 패러다임을 건축가들과 그들이 디자인한 건축물을 통해서 살펴보았다면, 앞서 나온 사례를 통해 도출된 다층적 의미효과 요소 중, '수직성(verticality), 리듬(rhythm), 멜로디(melody), 움직임(movement), 투명성(transparency), 환영(illusion), 대조(contrast), 모호성(ambiguity)' 8가지 키워드를 중심으

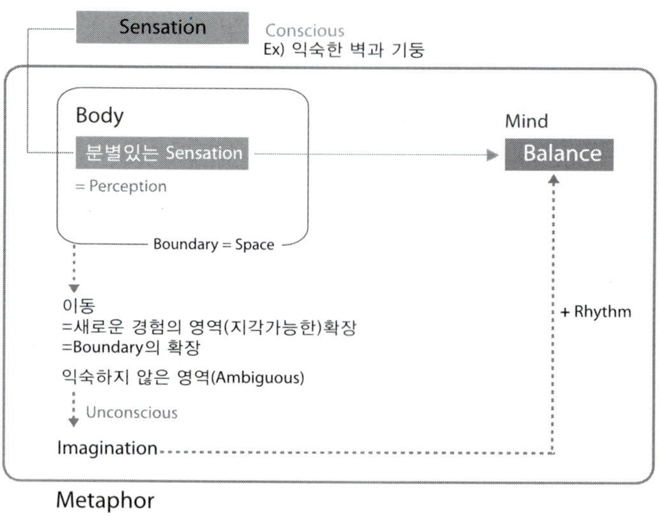


[그림_27] 균형을 통한 메타포과정

로 디자인과 연결하여 어떤 메타포가 작용하는지, 그 것이 우리에게 어떤 감정을 유발시키는지, 그 이유는 무엇인지 좀 더 구체적으로 살펴볼 것이다. 이러한 키워드들은 우리가 처음 건축이론서를 접하면서 배우는 '공간과 형태에 관한 원리' 에서 다루었던 것들이며 이러한 원리들이 건축공간에서 조화롭게 잘 적용되어야 함을 모두 알고 있다. 그러나 우리는 좀 더 근본적인 입장에서 이러한 다층적 의미효과 요소를 통해 디자인된 공간이 몸의 감각기관을 통해 새로운 의미 영역으로 확장되고 사용자에게 다양한 체험을 가능하게 하며 인간의 마음과 몸의 균형을 이룰 수 있는 환경을 구축한다는 것을 살펴볼 것이다.

## A. 수직성: verticality

수직성(verticality)이란 중력에 저항하여 땅에 서 있으려고 하는 성질을 말한다. 이러한 수직성을 지닌 예로 아이는 태어나면서부터 걸을 수 있기 전까지 서는 연습을 하는 것을 들 수 있다. 수직성은 인간의 생존과 관련이 있다. 들짐승의 공격이나 자연의 기후에서 보호 받기 위해 벽이라는 개념이 생겨나게 되었고, 인간의 생존을 위해 벽은 땅에서 수직으로 세워졌다. 이후 가족이나 부족을 보호하기 위해 벽은 더 높게 세워 상대방에게 위협을 주거나 방어의 기능을 하게 되었다. 그리고 종교의 교리를 배우면서 하늘은 착한 사람들이 가는 천국으로, 땅은 지옥으로 죄를 짓거나 악한 사람들이 가는 곳으로 인식되었다. 따라서 'Up' 이란 단어는 좋은 의미를, 'Down' 이란 단어는 좋지 않은 의미로 쓰여 진다. 또한 한자에서 '상(上)' 이란 글자 역시 영어의 'Up' 과 마찬가지로 좋은 의미로 쓰인다.

벽이라는 개념으로 시작된 인간의 생존을 위한 건축은 시대가 흐르면서 인간의 욕구를 충족시켜주기 위한 수단이 되었다. 건축에서의 교육과 경험을 통한 수직성의 의미는 두 가지의 양식을 보여 준다.

하늘에 순응하며 공간적으로 수직적 감흥을 느낄 수 있는 경외적 공간의 연출, 그리고 인간의 직립보행에서부터 시작된 우월의식에 따른 저 하늘에 닫고 싶어하는 욕망적 공간의 연출이다.

태양의 빛, 비, 천둥과 번개, 별 등을 보면서 인간은 하늘에 대한 경외심과 호기심이 생겨나게 되었고, 종교가 생겨나게 되었다. 종교가 생겨나면서 하늘에 있는 신을 닮고 싶고, 가까이 가고 싶어 건물을 점점 높아져 갔다. 그 예로 "판테온은 하늘을 표상한다."라는 누군가의 말은 이 건물의 주된 의미로 드러내고 있다. 로툰다(Rotunda)의 내부공간은 우리가 경험하는 하늘을 추상화한 것이다.

*판테온은 수직의 성스러운 차원을 수평의 세속적 차원과 통합시키고 있다.*
*이곳에서 하늘과 세속이 교차된다.*[15)]

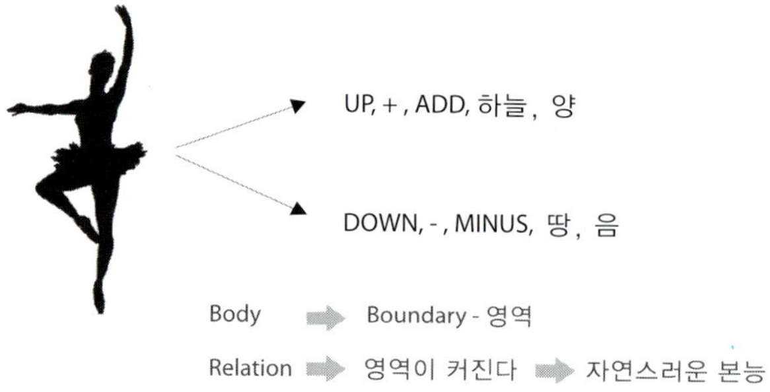


[그림_28] 수직성에 대한 심리적 효과

15) David Watkin, 「A History of Western Architecture(4th Ed.)」, Watson-Guptill, 2005.

어두운 통로를 통해 중앙의 로툰다로 진입하게 되면 로툰다의 천창에서 빛이 유입된다. 좁은 원형 구멍으로 들어오는 빛은 선택 받은 것과 같이 하늘의 은총과 축복을 받는 느낌을 갖게 되고 경이로움을 느끼게 한다. 또한 옛 교회 건축을 살펴보면 길게 직선으로 이어지는 아일(aisle)[16]에서 공간이 확장되는 중앙의 돔으로 이동하게 되면 로툰다 돔과 같은 느낌을 받을 수 있다. 시각적으로 긴 복도에 제한되어 있다가 탁 트인 제단 공간을 보게 되면, 시선의 경계가 확장되고 돔의 창에 의해 빛이 유입된다. 빛은 중앙의 돔으로 모이게 되고, 시선이 정면에 있는 십자가로 모이게 되면서 사람들은 건축의 수직성을 종교적인 경이로움과 함께 경험하게 된다.

[그림_29] 판테온 내부공간
(출처: Pantheon, Rome, Italy, B.C.27년)

[그림_30] 〈성모의 승천〉 파르마 대성당의 천장화

이처럼 사람들은 어두웠고 좁았던 공간에서 밝고 넓고 높은 공간으로 이동하면서 수직성을 느낄 수 있다.

재료와 기술이 발달하면서 사람들은 하늘로 영역을 확장할 시킬 수 있는 능력을 가지게 되었다. 에펠 탑(Eiffel Tower)은 무엇보다 자연의 힘에 대한 인간의 승리를 전달한다. 전쟁에 이기고 수도 로마로 돌아온 로마 황제를 맞았던 개선문의 아치처

16) 일반 교회나 바실리카의 한 부분으로 네이브, 성가대석 또는 앱스와 같은 주요공간과 평행하거나 또는 이들을 둘러싼 통로.

럼 에펠 탑은 인간이 이룩한 높은 성취를 상징한다. 이 탑은 인간이 자연을 정복하고 복종시키고 통제할 수 있다는 신념을 전달한다. 에펠탑의 높이와 위로 갈수록 좁아지는 형태는 인간이 자신을 초월하고자 하는, 곧 자신보다 위대한 무엇을 갈망하는 인간의 영원한 욕망을 다시 한 번 상징한다.[17)]

현대도시에서도 높이의 경쟁 속에 지어진 초고층 건물들에서 인간의 욕망적, 대결적 공간을 체험 할 수 있다. 하지만 이 공간에서 욕망의 만족에 따른 기쁨은 느낄 수 있겠지만, 균형이 깨짐으로 인한 불안감 또한 느낄 수 있다.

우리는 단순히 높은 것만을 통해 수직성을 느끼지 않는다. 그렇다면 사람은 어떠한 과정을 통해 수직성을 느끼게 되는 것일까? 앞서 살펴 본 것과 같이 이전의 건축에서 건축가들은 공간의 확장과 건축물의 높이로 인간의 수직적인 욕구를 표현하고자 하였다. 인간이 느끼는 수직성은 단지 높이에서만 오는 것이 아니라 다른 방식으로 느낄 수 있다.

[그림_31] 에펠탑의 야경

좁은 공간에서 넓은 공간으로의 확장이나 웅대한 스케일과 높이에 의한 건축이 아닌 공간에서 수직성을 느낄 수 있는 예가 없을까? 대표적인 예로 안도 다다오의 '빛의 교회'를 들 수 있다.

전형적인 교회 양식과는 다르게 안도 다다오는 새로운 시도를 했다. 기존 교회 건축에서 많이 사용했던 벽돌이 아니라 차가운 느낌의 콘크리트를 사용했다. 교

17) David Watkin, 「A History of Western Architecture(4th Ed.)」, Watson-Guptill, 2005.

[그림_32] 빛의 교회 외부

[그림_33] 교회의 빛

[그림_34] 교회 내부

(출처: Church of Light(빛의 교회), Ibaraki, Osaka, Tadao Ando, 1989)

회로 진입하면서 사람들은 높은 벽과 그에 비해 상대적으로 좁은 길을 경험하게 된다. 예배당을 들어서게 되면 사람들은 창문 틈새로 유입되는 빛을 통해 예전에 오래된 교회에 갔을 때의 경험을 떠오르거나, 비온 후 보았던 구름에서 떨어지는 한 줄기 빛을 떠올리면서 이미지를 상상하게 된다. 수직 띠 창으로 유입된 빛은 바닥이나 천장에 수직적으로 이어지고 이에 따라 수직적인 요소를 더 강하게 느낄 수 있게 된다. 오래된 교회건축에서 느낄 수 있었던 '경이롭다, 신비롭다' 라는 감성을 느끼게 되고 사람들은 교회와 십자가에 대한 새로운 의미를 갖게 된다. 대부분 사람들은 수직 띠 창에서 느꼈던 빛의 신비감과 성스러움 때문에 이 건물을 선호하게 되는 것이다.

[그림_35] 추사고택
(충청남도 유형문화재 제43호)

[그림_36] 경주 양동마을 향단

우리나라 한옥을 답사하게 되면 형태는 조금씩 다르지만 대부분 공통적으로 한옥의 중앙에 마당이 위치한다. 마당은 사랑채, 안채, 행랑채와는 다르게 지붕이 없고 건물 채에 비해서 낮게 위치한다. 마당은 지붕으로 덮어져 있지 않기 때문에 내부에서 외부를 볼 수 있는 곳이고, 지붕으로 만들어진 그림자 때문에 상대적으로 밝다. 마루에서 마당 위의 하늘을 보면 수평적으로 배치되어 있던 공간들과는 달리 고개를 들면 수직으로 하늘의 끝이 보이지 않은 채 높게 펼쳐 있다. 이에 따라 지붕이라는 경계는 한정되어 있어, 시선은 하늘로 향하게 되고 수직성을 느끼게 된다. 열려 있는 지붕을 통해 하늘과 가까워진 한옥은 하늘의 보호를 받고 있다는 상상을 하게 된다. 이에 따라 마음속에서 '안전하다, 보호받고 있다, 편안하다' 라는 감성이 생기게 된다. 이러한 심리적 과정을 통하여 마당에서 본 수직성에 대한 의미가 형성되는 것이다.

## B. 리듬: rhythm

음악은 '리듬, 멜로디, 하모니'의 세 가지 요소로 이루어진다. 이 중에서 리듬은 음악의 가장 중요한 요소로, 멜로디와 하모니가 없어도 사람들은 그것을 음악으로 인식하게 된다. 그렇기 때문에 리듬은 음악의 가장 기본적인 요소라 할 수 있고, 동시에 청각뿐만 아니라 시각, 촉각까지 그 영역을 가짐으로 인해 몸과 마음의 균형을 맞춰주는 역할을 한다.

도시의 건물과 거리, 광장의 요소에서부터 공간들 간의 배열, 가구의 배치는 하나의 질서를 갖는다. 그러한 공간과 공간 사이를 거닐면서 몸은 스스로 리듬을 갖게 된다. 이러한 리듬은 엄마 뱃속에서 느꼈던 심장 박동 소리를 통해 마음에 무의식적으로 저장되었던 것으로 기억과 상상력을 통해 감각을 불러일으킨다.

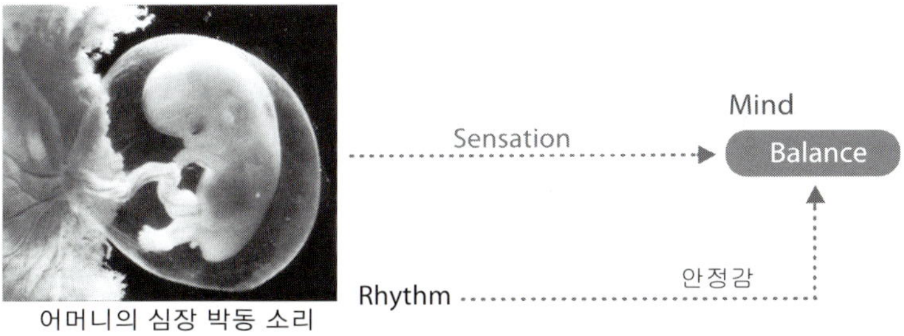


[그림_37] 어머니의 심장박동소리 리듬

도시의 작은 골목과 넓은 광장의 반복에서 생성되는 볼륨은 그 안을 경험하는 이로 하여금 엄마 뱃속에서 느꼈던 리듬을 무의식중에 다시금 기억하며 느끼게 한다. 몸은 스스로 하나의 리듬을 찾고 이를 통해 안정감을 갖게 되는데 이것이 곧 균형이며 이를 통해 의미를 생성시키는 것이 메타포이다.

고딕과 바로크 양식은 같은 간격으로 기둥을 배치하거나 공간을 좌우 대칭으로 배치하는 것과 같이 일정한 질서(order) 속에서 포인티드 아치(Pointed arch) 혹은 오벨리스크(Obelisk)와 같은 변화를 주어 그 속에서 리듬을 얻게 된다.

[그림_38] 노트르담 대성당

움직임들의 공존, 그것이 바로 리듬이다. 십자형 아치의 천장에서 네 기둥을 타고 바닥으로 내려오는 '리브볼트(Rib-vault)' 의 율동을 통해 건물의 추력이 그대로 나타나며 고딕의 건축은 힘을 드러내는 선들로 이루어진 촉지적이며 광학적인 공간을 형성한다.[18)]

웅장한 고딕성당의 내부를 거닐면 리듬을 느끼게 된다. 성당의 중앙에서 제단을 향해 걸어가게 되면 높은 기둥과 기둥, 그리고 그 사이의 포인티드 아치를 지나게 된다. 이때 '기둥-void-기둥-void' 를 지나게 됨에 따라 빛과 어둠의 변화와 반복, 열린 공간과 닫힌 공간의 변화와 반복을 통해서 시각적으로나 촉각적으로도 움직임을 느끼게 된다. 이러한 움직임이 일정하게 반복되면서 리듬으로 느껴지는 것이다.

바로크 시대의 산 피에트로 광장(Piazza San Pietro)은 중앙의 오벨리스크가 중심이 되어 양 측면에는 기둥들을 배치하여 정확한 대칭과 균형을 구성하고 있다. 광장에서 일정한 간격으로 배치되는 기둥 사이를 스쳐 지나가면서 기억 속에 저장되어 있던 무의식중에 인지되는 리듬은 몸을 통해 감성을 발생시킴으로써 마음과 균형을 이룬다.

18) 박희령, 김 억, "감각적 공간 체험에 따른 촉각적 공간 구현에 관한 연구", 대한건축학회 논문집, 22권 6호, 통권 212호, 2006.

[그림_39] 산 피에트로 광장 (바로크시대)

우리의 전통사찰도 사람들이 좋아하고 많이 찾는 이유는 바로 리듬 때문이다. 전통사찰의 지형적인 특징과 가람배치에서 리듬을 느낄 수 있다.

부석사에서는 진입공간이 깊어질수록 관찰자는 리듬을 느끼고 감동을 받게 된다. 이는 보이드(Void)가 만들어내는 볼륨의 하나의 형태에서 연속되는 다른 형태로 이동할 때 일어나는 감흥 때문이다. 이때 거닐면서 느껴지는 리듬은 시각적인 비례감 뿐만이 아니라 발걸음을 내딛는 물성의 변화로 인한 촉각, 청각의 리듬도 생성된다. 솔리드와 보이드의 배열을 통해 몸으로 느껴지는 촉각은 긴장감과 이완감이 반복된다.[19)]

일정하게 반복되는 운동의 질서로 인해 마음에 인지되는 리듬은 태어날 때부터 원초적으로 가지고 있기 때문에 우리가 그러한 공간을 거닐게 되면 무의식중에 안정감을 느끼게 되고 좋아하게 된다.

[그림_40] 진입공간의 리듬 (부석사)

19) 문철수, 조창한, "전통불사 진입공간의 리듬체계에 관한 고찰", 대한건축학회 논문집, 9권 1호, 통권 82호, 1989.

## C. 멜로디: melody

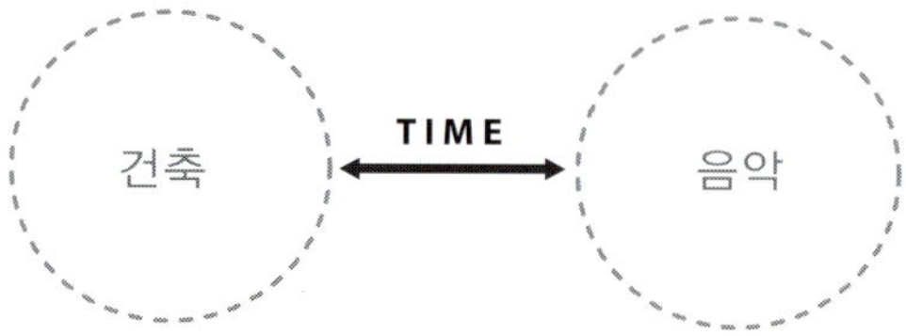


[그림_41] 건축과 음악의 시간성

건축은 3차원에서 행해지는 행위로 시간이라는 개념이 더해지면 건축물은 그 의미가 더욱 깊어 질 수 있다. 우리는 건축물을 바라보는 관점에 있어서 건축공간의 내·외부를 직접 체험하면서 느끼는 상대적 시간과 단순히 건축물을 바라봤을 때 누구나 시간의 흐름을 느낄 수 있는 시대적 시간을 경험할 수 있다. 건축과 음악이 연결될 수 있는 방법 중의 하나가 이 '시간성' 때문이다. 예를 들어 건축에서는 넓은 공간을 지나갈 때 우리의 발걸음은 좁은 공간을 지나갈 때보다 느리게 느껴진다. 여러 공간의 변화를 통해 (좁고 긴 통로 후의 넓고 짧은 공간) 실제로 걸음걸이가 빨라지기도 느려지기도 한다. 이러한 건축에서의 시간성은 공간구성을 함에 있어서 스토리가 전개되기 때문에 나타나는 것이다. 마찬가지로 음악에서의 시간성은 작곡을 위한 악보를 구성함에 있어서 리듬과 멜로디가 시간이 흘러감에 따라 같이 진행되기 때문이다. 이는 다양한 선율이 템포에 맞춰서 다양한 감정의 변화를 이끌어 내기 때문이다.

우리는 때때로 어떤 음악의 멜로디가 계속 입가에 맴도는 경험을 해보았을 것이다. 이것은 미국 신시내티 경영대학의 제임스 켈라리스 교수가 소비자심리학회에서 발표한 연구 보고서에서 따르면 "특정 유형의 노래들은 '뇌 소양증(Brain itch)' 인자를 유발하기 때문에 마치 가려운 등을 계속 긁듯이 이 노래를 되풀이 하여 불러야만 가려움증을 해소할 수 있다."고 주장했다.[20] '뇌 소양증' 이란 단어는 노래가 왜 우리 머릿속을 떠나지 않는지를 설명해주는 하나의 예라고 할 수 있다.

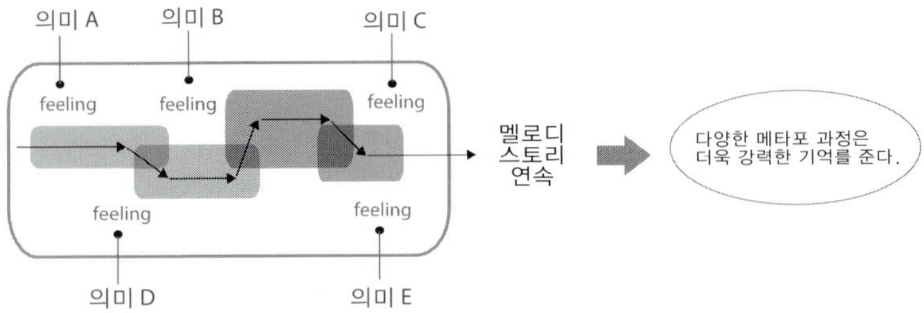


[그림_42] 멜로디에서의 메타포

멜로디는 반복적이고 무의식적인 반응이 강한 리듬과는 달리 어떤 스토리를 가지고 전-후의 관계를 연결시키기 때문에 우리에게 더 많은 상상력과 의미를 전달하게 되며 가슴 깊이 기억된다. 음악과 마찬가지로 건축에 있어서도 다양한 느낌을 주는 일련의 공간 배열이 멜로디와 같은 구조를 이룰 때, 사람들은 쉽게 동화되고 오랫동안 기억에 남을 수 있는 공간이 될 것이다.

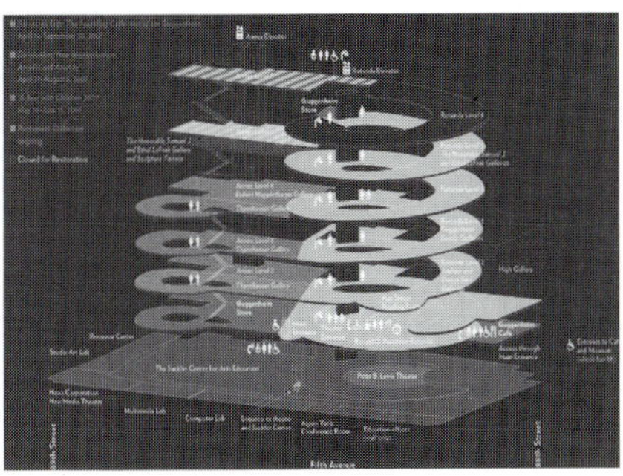

[그림_43] 구겐하임 뉴욕의 동선안내도
(출처: http://www.guggenheim.org)

구겐하임 뉴욕 미술관은 미국 철강계의 거물이자 자선사업가인 솔로몬 구겐하임(Solomon R. Guggenheim)이 수집한 현대미술품을 기반으로 설립되었다. 건축가 프랭크 로이드 라이트(Frank L. Wright)의 설계에 따라 1959년에 완성 되었으며, 이 미술관은 큰 달팽이 모양의 외관과 탁 트인 천장을 중심으로 한, 계단이 없는 나선형 구조의 전시장이라는 독특한 설계로 인기를 모았고, 지금은 뉴욕의 명소로 굳게 자리 잡고 있

20) BBC 인터넷판 29일 보도(서울=연합뉴스)

다. 평생 동안 자연과 건물이 하나 되는 '유기체 건축' 철학을 내세웠던 라이트의 구겐하임 뉴욕 미술관은 곡선과, 직선의 건물들이 결합되어 하나의 동굴처럼 올라간다. 사람들은 엘리베이터를 타고 최상층으로 올라가 총 1.5마일에 이르는 나선형 통로를 따라 내려오는 동선으로 관람을 한다.

구겐하임의 공간계획은 수평적으로 큰 원형경사로와 직선구간, 작은 원형구간을 하나의 멜로디로 구성할 수 있으며, 수직적으로는 이러한 수평적 멜로디가 반복되며 그 반경이 점점 커지면서 증폭된다. 이러한 구성은 다양한 상대적 속도감을 제시하고 그 공간을 체험하는 사람들에게 마치 하나의 완성된 교향곡을 듣는 듯한 기분을 느끼게 한다.

여기서 진입부터 중앙홀을 거쳐 정상부에 이르기까지 구겐하임 미술관의 시퀀스를 빠르기와 강약에 따라 경험되는 과정으로써 함께 살펴보자.

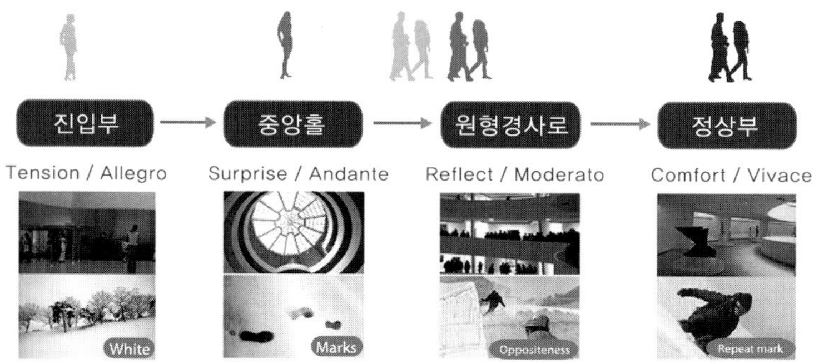


[그림_44] 공간체험과 메타포과정

진입부 (Tension/Allegro). 외관의 흰색 콘크리트 덩어리의 긴장감은 내부로 들어와서도 이어진다. 낮은 천정과 좁은 입구로 들어오면서 긴장감을 느끼고 눈앞에 보이는 흰 바닥과 흰 벽은 마치 온 세상에 눈이 내린 것 같다. 조금이라도 떼가 탈까 조심스럽다. 입구에서 바라볼 때 환한 빛이 떨어지는, 가장 에너지가 충만해 보이는 중앙홀의 모습을 볼 수 있다. 가까이 다가 갈수록 심장은 점점 더 빨라지게 된다. 그리고 자신의 흔적을 남기고 싶은 마음에 발걸음 또한 빨라진다. (Allegro;빠르게)

중앙홀 (Surprise/Andante). 구겐하임 뉴욕의 중심. 우리는 거대한 홀 중앙에 서 있다. 눈처럼 깨끗한 그 위를 밟으며 그 곳, 그 장소에 우리의 발자취를 남긴다. 나선형으로 올라가는 경사로의 관람동선은 하늘까지 닿을 것만 같다. 흰 색의 원형 경사로들을 돌다 보면, 유리로 된 천창을 통해 자연이 내부로 들어온다. 밝은 햇빛의 스포트라이트를 받으며 무대 위의 주인공처럼 잠시 시간이 멈추며 벽에 걸린 작품 하나하나와 소통하는 시간을 갖는다.(Andante; 느리게)

원형경사로 (Reflect/Moderato). 흰 색 띠의 원형경사로에서 중앙홀 로비에 서있는 사람들을 내려다보기도 하고, 건너편 경사로의 사람들을 바라본다. 지각심리학 중 게슈탈트 법칙의 Figure and Ground[21)]처럼 사람들은 흰 캔버스의 살아있고 역동적인 대상물이 되어 그 자체가 하나의 예술작품이 된다.(Moderato;보통빠르기)

정상부 (Comfort/Vivace). 구겐하임 뉴욕의 나선형 경사로를 내려가는 것은 매우 빠르고 경쾌하다. 올라오면서 보았던 예술품들을 다시 한 번 마음에 새기고 작품 감상에서 놓쳤던 부분은 채워 넣는다. 마치 리프트를 타고 도달한 정상에서 신나게 보드를 타고 내려오는 것처럼, 이미 경험한 그 길은 익숙하고 편안함을 준다. 지나간 길을 다시 경험하는 것은 그 장소의 기억을 더욱 강하게 각인시킨다. (Vivace;매우 빠르게)

21) The Gestalt Principles_시각적으로 지각하는 과정에서 요소들이 이루고 있는 세력의 관계를 우세한 것(형태: figure)과 그렇지 않은 것(배경: ground)으로 분화하는 본능

이러한 공간의 스토리는 시간의 흐름에 따라 다채롭게 변화하며 우리의 감성을 다양하게 자극한다. [그림 45]의 건축과 음악의 구성을 비교해 보면 뉴욕의 구겐하임 미술관은 비발디(Antonio Vivaldi)의 사계 중, '봄(Springtime)' 의 선율을 메타포(Metaphor)하여 생각해 볼 수 있다. 우리에게 가장 익숙한 첫 부분의 멜로디가 지속적으로 반복되며, 전체적으로 흐름을 자연스럽게 연결시킨다. 마찬가지로 반복적인 나선형의 경사로를 내려가면서 사람들은 더욱 그 공간에 익숙해지며, 반복과 변화를 주는 공간구성에 따라 단편적이 아닌 하나의 스토리로 우리의 기억에 깊이 저장될 수 있을 것이다.

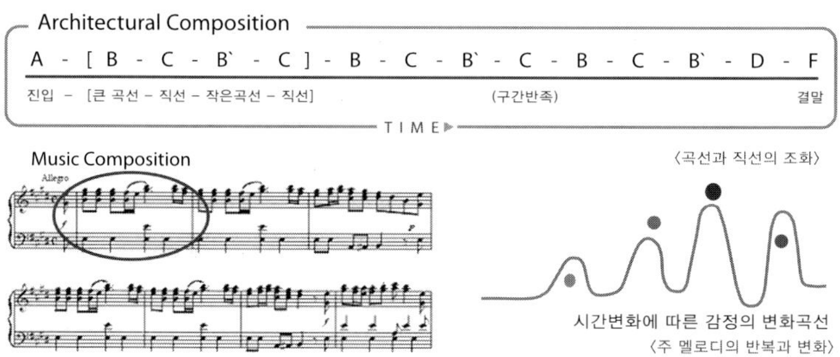


[그림_45] 건축과 음악의 Composition 비교

## D. 움직임: movement

음악은 청각이라는 감각기관을 통해서 받아들여진다. 하지만 음악을 연주하기 위해서는 작곡가가 2차원적인 악보에 기보를 하게 되는데, 이러한 2차원적인 악보를 기재하는 작업을 통해 각각의 연주자들이 악보를 보고 연주를 함으로써 비로소 사람들에게 그 음악이 전달될 수 있다. 이와 마찬가지로 건축도 건물이 3차원적 형태로 보이기 이전에 건축가들은 2차원적인 도면을 그리게 되는데, 2차원적인 평면도, 입면도, 단면도가 그려지고 나서야 비로소 시공이 가능해지고 사람들이 건축물을 눈으로 인지할 수 있게 된다. 이러한 점에서 살펴볼 때 음악과 건축은 모두 정지된 2차원의 평면 작업 과정을 거치고 있으며, 2차원적 평면을 3차원으로 나타내는 매개체로 본다는 점에서 서로의 진행 과정이 비슷하다고 할 수 있겠다.

음악을 들으면서 특별한 청각적 능력을 가지지 않았더라도 대부분의 사람들은 공간적 이미지를 느낄 수 있다. 이것은 공간이라는 것이 시각으로만 지각되어 인지되는 것이 아니라 오감이라는 종합적인 감각을 통해 인지한다고 할 수 있다. 여기서 우리는 '공감각'이라는 단어를 떠올릴 수 있는데 이러한 공감각은 청각으로 인지될 수 있는 요소 중의 하나인 음악을 감상하는데 있어서 사람들 마음속에 과거의 기억이든 학습을 통해서든 시각적 공간 구조를 잠재의식적으로 가지고 있기 때문에 느낄 수 있다.

사람들은 메타포 과정을 통해 음악적 요소로부터 건축적 요소를 인지할 수 있게 되는데, 그 요소들을 서로 비교하면 다음과 같이 나타낼 수 있으며, 앞서 언급한 다층적 의미효과 요소의 키워드인 리듬과 멜로디도 포함된다.

*– 음악적 요소와 건축적 요소의 상관성*

- 음높이(Pitch) – 건축물의 높이, 수직선, 긴장감
- 음색(Timbre) – 색깔, 재료, 가벼움, 무거움, 밝음, 어두움, 부드러움, 거침
- 음의크기(Loudness) – 부피, 긴장감, 클라이맥스
- 조(Key) – 장조(밝음, 경쾌함), 단조(어두움, 우울함)
- 박자(Meter) – 전체적인 분위기
- 하모니(Harmony) – 조화
- 리듬(Rhythm) – 비례, 변화의 규칙성
- 멜로디(Melody) – 주된 컨셉, 테마

거리를 걷거나 어느 특정 공간을 걷게 되는 경우 마음속에서 무의식적인 리듬이 생기게 된다. 이때 마음속에서 생긴 리듬과 유사하게 자신의 경험이나 기억을 바탕으로 어떠한 음악이 떠오르게 되고 음악과 건축의 비슷한 성격의 요소들이 겹쳐지면서 공간을 바라볼 때, 음악과 같이 듣게 되면 그 공간은 더 활기차고 효과적으로 기억에 남게 된다. 이것은 앞에서 말한 것과 같이 공간과 음악에 있어서 사람에게 공통적으로 느껴지는 공감각 때문에 가능하게 되는 것이다.

그렇다면 특정 공간을 걷게 되었을 때, 그 공간에서 어떠한 음악적인 요소와 악기가 느껴지는지 사례를 통해서 살펴보도록 하겠다.

에밀리오 암바즈(Emilio Ambasz)는 스페인의 세빌리아에 은둔과 명상을 위한 공간을 설계하였다. 'Casa De Retiro Espiritual' 는 인공호수가 내려다보이는 언덕 위에 위치해 있다. 이 건물은 'ㄱ' 자의 벽과 계단으로 이어지는 명상실인 지상부와 선큰(sunken)으로 내려가는 지하부로 이루어져 있다. 자연과 인공적인 건축물, 지상의 벽과 지하의 공간과 같이 대조적인 요소들을 많이 엿볼 수 있다.

[그림_46] Emilio Ambasz "Casa De Retiro Espiritual"

이 건축물을 바탕으로 음악의 장르와 연결시켜 볼 때, 고요하고 평화로운 음악보다는 웅장하고 역동적인 음악이 이 공간과 더 잘 어울린다. 이것은 이 건물이 가지고 있는 역동성 때문이다. 이 건축물은 직선과 곡선이 잘 어우러져 있는 것을 볼 수 있는데, 곡선을 보게 되면 마치 지속적인 변화를 주면서 높은 음을 연주하는 플룻의 음색이 연상되고, 직선의 콘크리트 벽을 보게 되면 웅장하고 남성적인 소리를 내는 오보에나 첼로의 저음이 연상된다. 대조적인 요소들이 건축임에도 불구하고 이 건물에서 느껴지는 어울림은 관현악곡의 높고 낮은 음들이 만들어내는 조화와 같다. 이처럼 공간에서 음악을 연상시킬 수 있는 것은 자신의 의식 또는 무의식적인 기억과 경험에서 얻은 공간의 공감각적인 특성 때문이라는 것을 알 수 있다.

그렇다면 공간을 바라볼 때 떠오르는 음악이나 악기를 직접 듣게 된다면, 공간에 대한 메타포가 더 효과적으로, 아니면 새롭게 될 수 있지 않겠는가? 미국 시애틀에 위치한 '올림픽 조각 공원(Olympic Sculpture Park)'을 바탕으로 음악과 연결시켜서 메타포 과정을 살펴보았다. Weiss Manfredi Architects에 의해 설계된 이 공원은 'Z' 모양으로 계획되었다. 사람들은 이 공원의 지그재그 모

[그림_47] Olympic Sculpture Park, Seattle, USA
(출처: http://www.idealog.us)

[그림_48] 올림픽 조각공원의 상징인 독수리상과 야경모습

양에서 즐거움을 느끼게 되는데, 이 공원의 길을 따라 걷게 되면서 어릴 때 숨바꼭질 할 때와 같이 왔다 갔다 하며 숨고 피하면서 느꼈던 기억과 감정을 비슷하게 경험하게 된다. 이것은 몸이 움직임에 따라 마음에서는 무의식적으로 리듬이 생겨나서 균형을 맞추게 된다. 이러한 지그재그 형태의 길은 음악에서 바이올린과 첼로와 같은 현악기를 연주 할 때의 팔 동작과 유사한 운동을 하는 것을 알 수 있다. 현악기 또한 몸의 움직임을 바탕으로 리듬이 생겨나고 균형을 맞추게 된다. 이러한 공통적인 특징을 바탕으로 이 공원과 현악기 연주가 위주가 되는 모차르트의 'Symphony No.40 in G minor K.550의 제 1악장' 과 연결시켜서 살펴보자. 사람들은 모차르트의 이 곡을 들으면서 공원을 거닐며, 음악과 공간의 유사성 때문에 서로 잘 어울린다는 생각을 갖게 된다.

구체적으로 살펴보면, 첫 소절에서는 현악기의 여린 연주로 시작하게 되는데, 이것은 공원을 접했을 때 공원에 도착하여 공원을 걷기 시작했음을 알리는 것과 같은 느낌을 받게 된다. 푸른색 잔디의 시작, 햇빛에 반사되는 바다가 떠오르기도 한다. 이 공원에서는 수직성이 강한 조각품들을 볼 수 있는데, 이것은 관현악기를 동시에 연주할 때 느껴지는 웅장함과 도전적인 음들의 조화와 연결시킬 수 있다. 또한 이 곡에서 플롯 연주를 들을 수 있는데, 이것은 야경의 고요한 분위기와 연결이 되어 공원의 밤을 느낄 수 있게 된다.

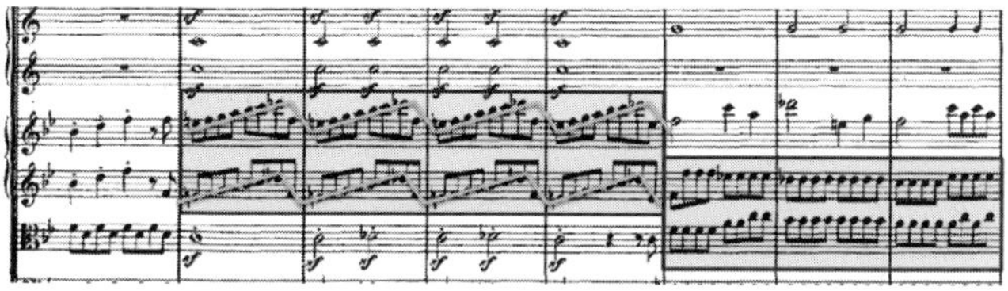

[그림_49] Sympony No.40 in G minor K.550의 제 1악장의 한 소절

그렇다면 사람들은 왜 모차르트의 곡과 올림픽 조각공원과 어울린다는 생각을 하게 되는 것인지 악보를 통해서 분석해 보도록 하자. 다음 소절은 1악장에서 템포가 빨라지고, 곡이 절정일 때 바이올린이 연주하게 되는 부분이다.

공원의 지그재그 모양과 비슷하게 악보에서도 음들을 선으로 연결하게 되면 지그재그가 그려지고, 또한 소리로 듣게 되면 바이올린이 변화의 폭이 일정한 음들을 일정 주기로 반복해 연주하는 것을 들을 수 있다. 이러한 연주는 지그재그 길을 걷거나 뛰게 되었을 때 느껴지는 리듬과 균형이 비슷하게 느껴지는데, 이는 공간뿐만 아니라 음악에서도 비슷한 공감각을 느낄 수 있다는 것을 증명해주는 것이다. 결론적으로 사람들이 공간과 음악이 어울린다고 느낀 것은 우연의 일치가 아니라 설계자의 의도와 작곡가의 의도가 비슷하다는 것을 알 수 있다.

앞에서 살펴본 것과 같이 공간을 접했을 때 마음에서 느껴지는 리듬을 바탕으로 실제로 존재하는 음악을 찾게 되면, 공간과 공통적인 특징을 갖는 음악적인 요소가 내재되어 있음을 알 수 있다. 나아가 마음에서의 리듬을 실제로 찾아서 연주하거나 듣게 되면 사람들에게 공간이 더 효과적으로 다가오게 될 것이고, 메타포 과정에 있어서 더 극대화 시킬 수 있는 수단이 될 것이다.

## E. 투명성: transparency

인간이 공간에서 느끼는 최고의 고통은 인지 할 수 없는 공간 속에 갇혀 있는 것이다. 그래서 인간은 창문을 설치하여 외부환경과 반응 할 수 있도록 하였고 현대에 와서는 이마저 파괴하는 모습을 보인다.

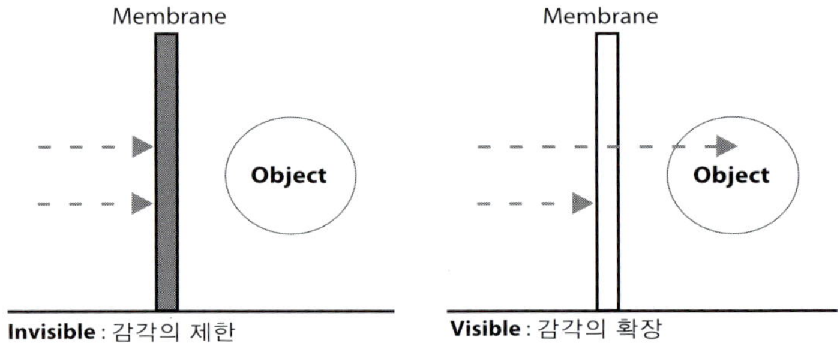


[그림_50] Invisible and visible

투명성(transparency)이란 전면과 후면을 통하여 보이는 실체적 속성, 대상을 투영하는 전달 체계를 의미하며 상호간에 시각적인 파괴 없이 서로 침투하는 성질을 말한다. 앤소니 비들러(Anthony Vidler)는 "현대성은 투명성의 신화에 사로잡혔다: 자연에 대한 자아의 투명성, 타자에 대한 자아의 투명성 그리고 상호에 대한 모든 자신들의 투명성"이라고 하였다. 이는 결국 인간의 감성이 진화하였다는 것을 말해 준다. 투명성에 대한 이러한 요구는 유리와 금속의 재료를 주로 사용하는 하이테크 건축에서 나타나며 그러한 재료 자체가 갖는 투명성뿐만 아니라 구조와 설비의 노출로 투명성을 더욱 강조하고 있다. 이러한 공간에서의 투명성은 사람들에게 어떤 메타포가 일어날 수 있도록 작용 할 수 있는가? 왜 우리는 왜 투명한 것을 좋아하며 투명성을 통해 밝은 이미지를 회상하는 것인가?

메타포 과정의 가장 1차적인 것은 감각으로 현상을 인지하는 것으로, 그 경계를 구분 짓는 막(membrane)의 투명화는 시각적 침투를 가능케 함으로써 더 많은 정보를 주고 상상력의 요소를 제공한다. 이러한 정보들은 안정감과 신뢰감을 주며, 투명성에 의해 다양한 방향으로 반영될 수 있도록 한다. 다시 말하면 매 번 새로운 감정과 상상력을 줄 수 있다.

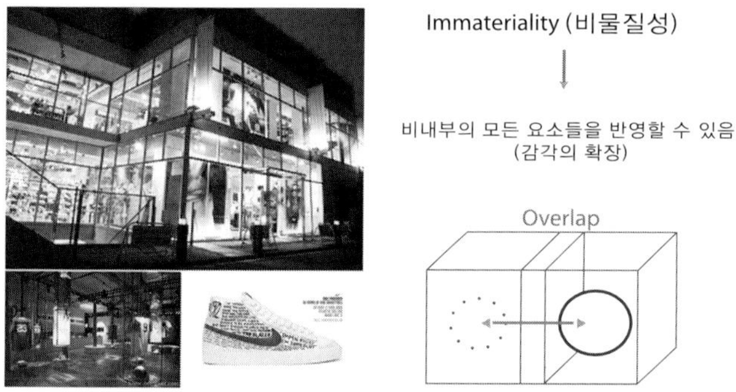


[그림_51] Nike pop up store를 통한 감각의 확장 사례 (출처: http://www.dexigner.com/detail/files/10786.jpg)

나이키 타운의 외부에서 바라 본 내부의 단면은 건물의 외벽인 듯하며, 투명하게 내부 사람들의 움직임이 드러난다. 분주하고 활동적인 모습들을 드러냄으로써 나이키의 이미지를 표현하고 사람들의 기억에 저장된다. 투명한 면에 비치는 자신의 모습을 투영하고, 내부에 걸린 건장한 스포츠 스타의 모습과 자신을 투영하여 반영하기도 한다. 어린 시절, 나이키 운동화에 관한 추억을 회상할 수도 있다. 이는 가시적 투명성이 내면적 의미를 포함한 현상적 투명성으로 전이되는 메타포 방법 중의 하나로 생각해 볼 수 있다.

2003년 9월에 오픈한 프라다 아오야마점은 헤르조그 & 드 뮈론(Herzog & de Meuron)이 디자인하여 건축적인 면에서도 많은 의미를 가지는 건물로 인식되고 있다. 종래의 공업화 규격에 의한 일정한 패턴이나 색에 의한 외피구성이 아니라 하나의 덩어리로 부분적인 독립보다는 부분으로서의 전체를 지향하고 있다. 이는 망사 스타킹 같은 얼개구조가 30°, 60°의 각도로 이루어져서 내부의 공간자체를 투영시키고 있는 것이다.

[그림_52] 다양한 외부의 Object들을 투영하는 건물의 입면

부분적으로 박힌 볼록한 크리스털 형체의 유리는 내외부의 시각을 왜곡시키면서 더욱 신비스런 색깔을 연출하고 있으며, 파사드에 비친 오브제가 고유한 색깔을 가진 개별물로 보이는 것이 아니라 우리의 눈에서 뒤섞여 더 밝고 새로운 혼합물로 지각되는 것이다.

이는 확실한 윤곽이 없어지고 순간순간의 변화를 표현해 내기 위해 물체의 고유색을 부정했던 인상주의 회화의 기법과 유사하다. 그래서인지 그 날 그 날의 날씨나 분위기, 주변 환경에 따라 느낌이 다른 프라다건물을 보고 모네의 풍경화를 떠올린 것은 우연이 아닌 듯싶다.

모네(Claude Monet)는 외광을 받는, 수면에 반사된 자연의 모습을 표현하는 화

[그림_53] 모네의 풍경화
(출처: http://www.ibiblio.org/wm/paint/auth/monet/last/giverny)

가로 유명하다. 빛에 의한 순간적인 인상의 표현으로 나무가 초록색이라고 단정 짓는 것이 아니라 빛에 의해 초록이 아닌 다른 이미지로 나타낼 수 있다는 것이다. 이렇듯 미래적이고 첨단적인 건물의 스킨은 일순간에 캔버스의 표현된 회화로 변한다. 이는 회화를 보며 좋아 했던 기억이 건물의 투명성과 디자인을 통해 내 몸이 자유롭게 반응한 결과 일 것이다.

유엔 스튜디오(UN Studio)가 리노베이션을 맡은 압구정동의 갤러리아 백화점 프로젝트(The Galleria Department Store project, 2004)도 프라다 건물처럼 각도에 따라 외벽 컬러가 다르게 보인다. 건물의 스킨을 이루는 총 4,330개의 얇은 유리 디스크는 마치 생선의 비늘처럼 자연광의 각도에 따라 그 반짝임이 다르고 차량 운전자나, 보행자의 속도에 따라서도 다르게 지각된다. 또한 유리 디스크 안에는 저마다 다른 컬러의 LED조명을 설치하여 야간에는 더욱 신비스러운 경관을 연출한다.

[그림_54] 유리디스크 패널을 반사시키는 다양한 컬러의 조명
(출처: http://www.unstudio.com/projects/name/G/1/141)

어렸을 적에 반짝반짝 장신구를 가지고 놀면서 좋아했던 이미지가 매치되면서 시각적 기쁨을 느낄 수도 있다.

건물은 때로는 브랜드의 이미지를 나타내기도 한다. 프라다 아오야마의 다이아몬드 형태의 격자 그리드 외피는 그 건물자체가 프라다의 로고를 연상시키게 한다.

[그림_55] 입면의 디테일한 모습

건물 그 자체가 프라다의 브랜드를 표출하고 있는 것이다. 투명한 외피는 무의식적으로 지나가는 사람이 보고(viewing), 그 내부의 애매모호함에 흥미를 유발하게 된다. 내부에서 보여주는(showing) 다채로운 실체들은 발걸음을 멈추어 바라보게(looking)된다. 하나의 전시장에 온 것처럼… 건축디자인에서의 메타포 요소는 브랜드 마케팅적 측면에서도 중요하게 연결시킬 수 있는 부분이다.

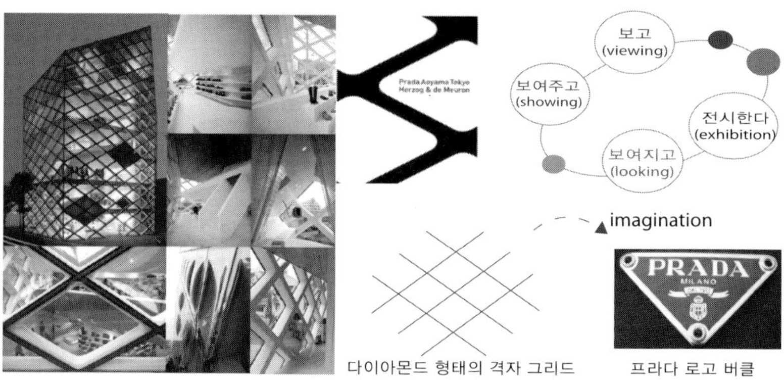


[그림_56] 입면을 통한 브랜드 이미지 효과

## F. 환영: illusion

환영(Illusion)이란 감각의 착오를 통해 실재와 같은 이미지가 발생하는 현상이다. 보이는 것과 실재(實在)하는 것 사이에는 항상 긴밀한 유대감이 존재한다.

일반적으로 예술이 창조해내는 세계가 다소 현실처럼 보이더라도 허구에 불과하다고 한다면 예술의 본질을 환영이라 할 수 있다.[22] 이러한 환영을 통하여 실재처럼 모사된 회화의 세계는 착시(optical illusion)—잘못 지각된 시각에 관한 착각이 만들어 낸—를 통해서 우리에게 깊이감이 느껴지거나, 공간감이 느껴지는 실재의 공간처럼 보이기도 한다. 그러나 우리가 예술작품들을 통하여 느끼게 되는 환영은 이러한 시각적 착시를 통해서 나타나기도 하지만, 또 다른 심리적인 효과 등을 고려한다면 착시는 넓음 의미에서의 일루젼에 포함되는 개념으로 볼 수 있다.

인간은 눈을 뜨는 동안에는 지속적으로 무언가를 보고 응시하게 된다. 어떠한 대상을 바라보며 지각한다. 이렇게 바라보는 시선은 항상 대상과의 관계를 생각하게 한다. 바라보는 사람과 대상과의 관계는 일방적이다. 왜냐하면 '본다'는 것은 보는 사람이 대상을 일방적으로 지정하기 때문이다.

물에 비친 자신의 모습에 반하여 거울 앞에 오랫동안 서서 자신의 얼굴이 아름답다고 생각하며 황홀하게 바라보는 것을 나르시시즘(Narcissism)이라고 한다. 사람은 누구나 자기 자신이 관심의 대상이 된다. 다시 말하면 자신에게 리비도가 쏠려 있는 상태이다. 프로이트의 정신분석에 따르면 유아기에는 이 리비도가 자기 자신에게 쏠려 있어 1차적 나르시시즘이라고 하였다. 나중에 자라면서 리비도는 외부의 대상으로 향하게 되지만 자기 자신을 향한 관심은 지속적이라고 할 수 있다. 프랑스의 정신분석학자 자크 라캉은 거울을 통해서 자신의 이미지를 보면서 욕망

22) 월간미술, 「세계미술용어사전」, 중앙일보사, 1995.

을 느낌과 동시에 현실과의 괴리에서 오는 좌절 또한 느낀다고 한다. '이상화 된 나' 에는 영원히 도달할 수 없다는 것이 그의 결론처럼 욕망과 좌절은 계속적으로 반복되면서 '욕망이 욕망을 욕망한다.' 는 명제를 표현한다.

빅토르 바사렐리의 작품을 보면 적극적인 반응을 통해서 변화하게 되는데, 움직임이 시시각각 변화함에 따라서 미처 생성되지 못했던 이미지들은 우리의 눈에 의해서 만들어지게 되는 것이다. 보이는 이미지들은 우리의 눈이 고정되지 않는 한 고정되어 보이기를 거부하며 역동적인 성격을 가지게 된다. 수평면의 위, 아래로 움직이는 시선의 변화에 의해서 그 율동간격은 더욱 커지게 되고, 작품 자체가 가진 시각적인 유연성에 의해서 생성되는 이미지는 평면과 오브제와의 관계 속에서 다른 차원의 간섭효과를 만들어내는 것이다. 2차원의 평면 필름 위에서 3차원의 입체영상을 볼 수 있는 홀로그램을 아날로그 한 방식으로 재현해 놓은 듯 하며, 이것은 마치 겹쳐진 천들 사이에 보이지 않는 전자기적인 힘이 작용하는 듯한 착각을 일으키기도 한다. 그러나 우리가 이렇게 느끼는 것 모두는 환영이며, 이러한 환영은 모아레 효과를 통해서 극대화되고 우리는 이로써 즐거운 시각적인 체험을 하게 되는 것이다.

[그림_57] 빅토르 바사렐리(Victor Vasarely) 작품 광대-얼룩말

'눈으로 본 것을 그린다.' 는 실제와 같은 착오를 일으키는 두뇌의 '작용' 과 연관되어 시각적 환영과 함께 나타난다. 우리들의 지각작용(이해)은 순간적으로 일어나는 이미지(심상)의 환영을 우리에게 가져다주는 신경세포의 길고 긴 체인의 최종 결과물이다. 어떤 경우는 우리의 강한 직관력이 우리를 잘못된 생각으로 이끄는 경우가 발생하기도 한다. 인간의 눈은 불완전하기 때문에 간혹 실재하는 사물을 올바르게 포착하지 못하는 경우도 있고, 그와는 반대로 실존하지 않는 것들을 마치 실존하는 것처럼 생각하는 경우도 있다. 아마도 시각적인 환영이 우리의 감각의 왜

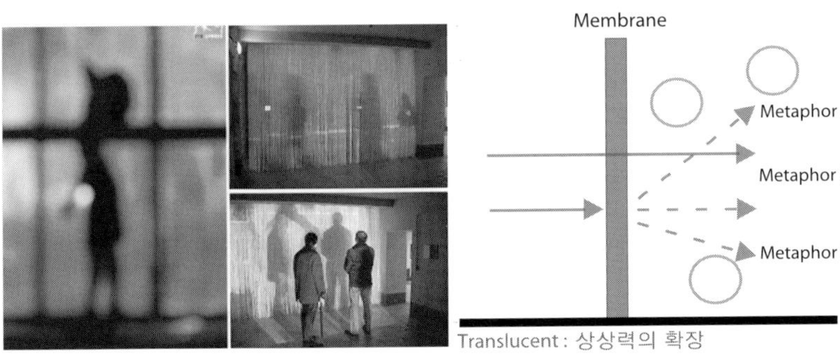


[그림_58] 실루엣에 따른 메타포
(출처: http://www.field-office.com/sos2)

곡 중 가장 위압적인 증거가 되지 않을까 한다. 심지어 우리가 그것이 잘못된 착각인 것을 앎에도 불구하고, 그것이 우리의 심리과정을 멈추지 못한다.

[그림 60]에서 보는 것과 같이 '실루엣(silhouette)' 은 인물 또는 사물의 외곽선을 지칭하거나 나타낸 그림을 말한다. 반투명의 막은 호기심을 유발하며 사물과 관찰 사이의 다양한 상상력을 불러일으킨다. 이는 다시 말하면 다양한 메타포가 일어날 수 있다는 것이다.

공간에서의 환영은 이미지가 발생하는 현상과 관계가 깊다. 불확실한 감각에 따른 추측과 상상은 더욱 큰 기대감과 상상력을 불러일으킨다. 이러한 것들이 실재

의 환영과 이러한 현상들을 불러일으키는 요인은 다르다하더라도 두뇌의 작용이라는 면에서는 동일하다. 물체에 대한 실루엣은 약간의 정보만으로써 관찰자가 그것을 다양하게 지각하고 인지할 수 있다. 크기에 대한 왜곡, 색체에 대한 변화, 경계의 모호함 등 애매모호하며 단순화된 시각적 정보가 때로는 더욱 강하게 우리 기억에 저장될 수 있다.

## G. 대조: contrast

건축의 구성에 있어서 형태와 공간을 효과적으로 배합하기 위한 방법으로 대비적인 요소를 사용할 수가 있다. 대비현상은 건물의 한 부분에서만 일어날 수도 있고, 그 자체를 중심으로 형태와 공간의 패턴을 불규칙적으로 구성할 수도 있다.

대비의 원칙은 늘 그렇지는 않지만 대부분의 건축구성에서 형태와 공간 사이에 차이를 보인다. 이러한 차이점이 감각적으로는 건축형태와 공간의 중요성에 반영되고, 구성면에 있어서는 그것들이 수행하는 기능적, 형태적, 상징적 역할에 반영된다.[23)]

모든 색에는 밝기의 차이가 있으며, 배색에 있어서도 가벼운 느낌, 무거운 느낌이 있다. 입체감이나 원근감은 명암의 계조(gradation)에 의해 인식하는 것이 가능하다. 주변이 어두워서 색을 구분하기가 곤란할 경우에도 사람들은 명암의 차이에 의해 형태나 길이(깊이) 등을 인식할 수 있다. 대비 관계에 있어서는 명료성이 높고, 명도 차가 적어짐에 따라 형태는 모호해진다. 또한 그 형태가 가지는 재료의 질감에 따라 형태에 대한 깊이 관계를 인지할 수 있다.

23) Francis D. K. Ching, 황연숙 역, 「건축의 형태 공간, 규범」, 국제, 2005.

핫핑크 색상의 셔츠에 청록색 바지를 입으면 촌스럽고 이상하다고 느끼는 이유는 무엇일까? 그것은 우리의 마음에 인지되는 대비요소가 과거에부터 흔히 접해오던 색상에 대한 기억과는 다르게 현재의 색상을 인지함에 있어서 현재와 과거의 균형이 깨짐으로 인해 부조화를 느끼기 때문이다.

우리가 대조를 통해 무엇을 얻을 수 있는지를 설명하고자 한다면, 우리는 몸의 여러 감각을 통해 사물을 느끼면서 동시에 작은 변화에서 일어나는 따뜻함이나 차가움, 생동감과 멈춤, 투명함과 반투명함 등 이러한 대비적인 요소를 인지하는 것이다.

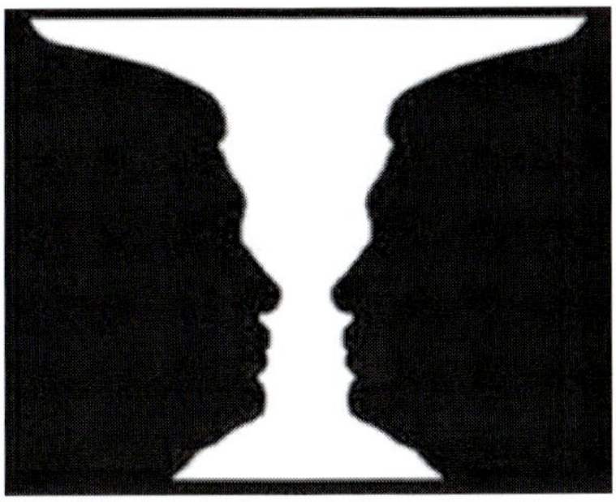

[그림_59] 대조의 예 '루빈의 잔'

빛이 뿜어져 나오는 듯 한 밝은 색채와 끝없이 침전해 들어가는 듯  한 어두운 색채의 대조로 이루어진 후기의 색면 추상 작품들에서 살펴보면, 이는 인간이 닿을 수 없는 존재에 대한 경외감과 숭고함의 경지를 보여준다.

몇 십 년 후에 돌아보는 로스코[24)]의 작품 세계가 지금도 여전히 매력적이며 우리에게 감동을 주고 있는 이유는 무엇일까?

24) 마크 로스코(1903-1970)는 1950년대를 전후하여 미국에서 발생한 중요한 미술사조였던 추상표현주의의 대표적인 화가이다.

[그림_60] Orang and Yellow(좌),
Untitled(Black and Orange on Red)(우), 마크 로스코 作

*"로스코의 혼합은 모던 아트에서 정확하게 비견할 만한 것이 없는 일련의 빛을 발하는 색의 구조들을 산출했는데, 그것들은 모던 예술가들에 대한 보들레르 호소의 가장 심원한 의미로 "새로운" 것이다. 매우 새롭기 때문에 만약 로스코가 존재하지 않았다면 우리는 모던아트에서 특정한 색의 가능성들을 알지도 못했을 것이다. 이는 기술적인 위대함의 성취이다. 그러나 로스코의 진정한 천재성은 색이 아니라 그가 느낌의 언어를 창조한 데 있다."* (로버트 머더웰)

로스코의 작품을 보고 있노라면 색의 대비를 통해 숭고함, 천국과 지옥으로서의 고통, 그가 비극적인 것으로 표현하는 슬픔, 그리고 색의 전통적 기능들을 부정한 모든 감정들을 대형 캔버스 속에 표현한 것을 느낄 수 있다. 그의 작품 중 주황색과 노란색의 대비는 모든 사람들의 기억 속에 밝고 숭고한 이미지를 연상시키는데 이러한 연상 작용은 과거의 기억 속에 이와 비슷한 기억이 남아있기 때문이다. 검정색과 주황색의 대비는 강한 대비를 주면서 과거 기억속의 부정적인 이미지를 떠오르게 하면서 작가가 내면속의 어떤 슬픔을 표현했는지는 잘 모르지만 보는 사람들로 하여금 이 작품으로 인해 슬프고 고통을 함께 느끼게 한다. 그의 작품에서 나타나는 색 대비는 내면의 삶, 내면의 체험을 표현하는 것이다.

건축물은 시대별로 문화와 지리적 조건에 따라 재료를 다르게 사용 하였다. 자연재료를 사용하여 구조물을 만들었던 과거 선사시대와는 다르게 모더니즘 시대에 이르러서는 다양한 재료를 사용함으로써 대비의 효과를 발견할 수 있었다.

이집트의 피라미드와 파리의 루브르 박물관을 비교해보면, 이집트의 피라미드는 광활한 사막의 들판에 모래와 돌로 세워진 상징물로 인식되는 반면, 파리의 루브르 박물관의 피라미드는 주위 건물의 무겁고 육중한 재질과는 반대로 투명한 유리의 사용으로 인해 랜드마크적인 건출물로써 인식된다. 같은 피라미드일지라도 이집트의 피라미드에 대해 딱딱한 돌덩이의 형태와 과거 이집트의 역사에 대한 기억을 가지고 있기 때문에 사람들은 내부가 컴컴한 미로로 되어있는 무덤의 이미지를 떠올릴 것이다. 하지만 파리의 피라미드에서는 지적상징의 축적물 중심에 서 있는 듯 한 느낌과 투명한 피라미드에 비친 자신의 모습을 바라보며 앞으로의 미래에 대한 생각을 할 수 있게 만들고 밝은 미래의 이미지를 떠올릴 것이다.

이렇듯, 우리는 과거에서부터 여러 경험과 학습에 의해 쌓인 기억 때문에 마

[그림_61] 이집트의 피라미드와 루브르 박물관의 피라미드

치 하나의 시스템처럼 대비의 표현을 대(大)와 소(小), 흑과 백, 기쁨과 슬픔 등과 같이 성질이 반대가 되는 것, 또는 성질이 서로 다른 것이라 인식하고 이을 경험할 때 이들 성질의 차이가 더욱 더 과장되어 느껴지게 된다.

긴장감은 힘과 힘 사이에 생기는 것으로 대비를 위해 대비되는 두 가지 이상

의 요소를 대립시킬 때 자연스럽게 발현된다. 이는 곧 공간에서 사용자가 역동성과 힘의 흐름을 체험할 수 있게 하는 요소이기도 하다.

*"건축은 형태인 동시에 실절적인 것이기도 하며 추상적이면서 구체적이며, 그리하여 그 의미는 내부의 특징으로부터인 동시에 외부의 환경으로부터 표출되는 것이다. 모호함이란 항상 긴장감과 같이 붙어 다니는데 그럼으로써 건축의 복합성과 대립성을 구비하게 되는 것이다. 또한 표현상 계산된 모호함은 건축의 프로그램에 반영되어 있는 것처럼 혼란된 경험적 사상에 따르는 것이며 그것은 의미의 명쾌함보다는 풍부함을 제공하는 것이다.*

*병치된 대립성에서의 관계는 부조화한 리듬, 방향성, 맥락 없는 인접 그리고 여러 가지 요소의 중합이라고 할 수 있다는 것이다. 또한 병치된 대립성이란 다른 한편으론 모순되고 대립하는 이중성을 표현하는 것이며 활기찬 긴장을 위한 것이기도 한다.*

*확연치 않은 부류의 다채롭고 광범위한 요소를 포함하는 일관성을 결여한 지각의 복잡한 전체는 건축에 있어서의 복합성과 대립성을 갖춘다는 것이며 이중성 혹은 다중성이라 할 수 있는 요소들에 대하여 말하고 있다. 여기에서 그는 굴곡을 통하여 이중성이 있는, 즉 긴장이 있는 전체를 이루어낼 수 있는 것이며 그것이 바로 건축의 복합성이나 대립성과 연결된다는 것이다."* *(로버트 벤츄리 '건축의 대립성과 복합성' 中)*

## H. 모호성: ambiguity

우리는 살아가면서 수많은 이질적인 요소들이 서로 상이하게 공존 하는 모습들을 볼 수 있다. 어쩌면 우리 자신들이 세상속의 이질적인 존재일 수도 있지 않은가? 우리들이 살고 있는 도시라는 공간을 보게 되면 하나의 도시에서도 수많은 이질적인 요소들이 섞여 있는 것을 볼 수 있다. 예를 들어 그리스에는 그리스인만 있는 것이 아니라 이집트인, 유대인, 아프리카인 등 다양한 인종이 모여서 살고 있다. 이처럼 이질적인 요소들이 가미된 세상 속에서 발생된 질서와 혼란들 속에서 중간자적, 관계적 위치를 가지는 건 무엇일까? 우리는 질서와 혼란속의 애매모호함으로써 상상력이 발생되고 이 상상력을 통해 우리는 감동을 느낄 수 있다. 어쩌면 애매모호성은 소설 속 복선의 역할과도 같은 것일지 모른다.

호기심(curiosity)은 동물들이 가지는 갈망, 식욕, 성욕과는 차원이 다르고 인간만이 가지는 호기심으로부터 애매모호성(ambiguity)을 연관 지어 생각해 볼 수 있다. 에디슨이 백열전등을, 벨이 전화기를, 라이트 형제가 비행기를 발명한 것을 보면 호기심으로부터 시작된 생각들이 애매모호함 속의 상상력을 통해 창의적 발명물이 탄생된 것이다.

물체(object)는 메타포와 상상력을 통해 의미를 갖게 되고 마음에 저장된다. 애매모호성은 상상력을 확장시키고 이러한 메타포는 해석의 다양성을 가능케 한다. 다시 말해 애매모호성을 가진 물체는 수많은 상상력을 발생시킨다. 그 이유는 무엇일까?

예를 들어 전혀 새로운 디자인의 물체를 봤을 때 우리는 기존에 있었던 자신의 기억과 의미를 비교 하게 된다. '이 물체가 의미 하는 게 무엇일까? 이 물체의 기능은 무엇이지? 아마도 그냥 새로운 디자인을 추구 한 게 아닐까? 아니야, 뭔가가 내재된 의도가 있는 것 같기도 한데, 어디서 본거 같기도 하고. 어디서 봤더라?

애매모호성으로 인해 수많은 상상력과 자기반영의 과정으로 나온 의미들은 창조적인 생각들을 발생시킨다. 이 과정 중에 나온 의미가 디자이너의 의도된 의미가 아닐지라도 디자이너의 내부로부터 투사된 의미로 인해 해석의 다양성을 가능케 해준 것만으로 디자이너의 역할은 충분하다. 하지만 관습적 지각단계로의 한계에 머무른다면 메타포의 작용이 제대로 이루어지지 않은 결과일 것이다.

20세기 후반 모더니즘 건축의 한계를 극복하기 위하여 애매모호성(ambiguity), 이질성(heterogeneity), 복합성(complexity), 불확정성(uncertainty)등을 내세우는 다양한 건축현상이 나타나게 된다. 이는 서로간의 상이한 관계로 인해 발생된 문제점을 통한 공존하는 모습을 보여주는 것이다.

애매모호성은 공간적으로 확실하게 정착되어 의미를 규정하던 건축과는 달리 공간이 한정되지 않고, 다차원적 모습을 보여준다. 기존의 관습적 인식의 한계로부터 벗어나 공간을 새롭게 해석할 수 있는, 즉 메타포의 가능성을 주는 것이다.

헤르조그 & 드 뮈론(Herzog & De Meuron)은 내부, 외부공간의 경계를 혼돈시키기 위해 건축외피에 애매모호한 요소를 사용한다. 우리들이 느끼는 감각의 첫 번째 단계인 시각적 인지를 통해 '도미너스 와인 저장고(Dominus Winery)' 에서는 조명을 어둡게 하고 반사도가 절반인 유리를 현관문에 사용하여 뒤쪽 경관이 문에 반사되어 보이게 했다. 외부이미지의 전도를 이용하여 만들어낸 내 · 외

[그림_62] Dominus Winery

부 공간개념이 모호해지는 것이다. 건물내부로 들어오는 빛은 유리와 돌에 의해 빛의 산란과 변화하는 그림자를 만들어내 현실의 공간을 가상의 공간으로 느끼게 해줌으로써 호기심을 자극하고 애매모호성을 통한 상상의 나래 속으로 빠지도록 한다.

[그림_63] Ibaraki Park Cafe
(출처: http://www.nuaa-image.com/fotos)

세지마 & 니시자와[25] 의 '이바리키 공원카페(Ibaraki Park Cafe)' 에서도 이러한 모습을 볼 수 있다. 그들은 착시를 이용하여 실재의 공간과 가상의 공간을 합성시킨다. 카페 내부에 존재하는 유리벽은 주변경관과 카페내부의 모습을 반사시킨다. 실체와 가상의 구분을 더 어렵게 하기 위하여 부재의 테두리와 디테일을 완전히 제거 한다. 일반적으로 느낄 수 있는 가시적인 원근과 입체감을 제거하기 위해  모두 착시 처리한 것이다. 실체와 가상의 경계의 애매모호성을 구성함으로써 좀 더 창의적 공간을 구현하려고 하였다.

이러한 애매모호성은 다양한 사람들과의 관계에 따라 변화 가능하고 유동적인 공간을 만들어 내고 있다.

2002년 스위스 엑스포 때,  뉴샤텔  호수에 임시로 세워졌었던 'The Blur Building' 의 경우 인공적으로 발생된 안개를 이용하여 구조물과 내부를 감싸도록 함으로써 외형을 명확하게 알 수 없도록 했다.

관객들 모두를 한치 앞도 보이지 않는 안개 속에서 또 하나의 새로운 안개로

25) Kazuyo Sejima & Ryue Nishizawa, 「Conversation with Alejandro Zaera」, El Croquis No.99, 1995-2000.

변신시키는 전혀 새로운 감흥을 느낄 수 있게 해준다.

내 · 외부 공간개념이 모호해짐으로써 수용자들은 무의식적인 감정의 변화를 느끼며 수많은 상상을 하게 된다. 공간의 착시 현상으로 의식적-무의식적 감정의 계속된 변화가 일어나게 되고 결국은 자기만의 자기반영의 단계에 이르게 된다.

이처럼 현대건축의 건축물 속에서 공간 자체의 순수성을 떠나 공간을 이용하는 수용자와의 관계에 대한 반응은 호기심과 지각을 느끼고 공간에 대한 자기 반영을 할 수 있는 메타포 과정을 경험할 수 있게 해준다.

[그림_64] Blur Building at Swiss EXPO
(출처: http://www.dillerscofidio.com/works/blur/1.jpg)

# Body Metaphor

유비쿼터스 기술과 환경

# PART 4. APPLICATION

Ubiquitous_ new paradigm

Ubiquitous_ smart space

Communication_ interactive space

No formation

Multi-dimension

Motion diagram

Bodyscape

# Ubiquitous_ new paradigm

새로운 패러다임_유비쿼터스

18세기 후반 영국에서 시작된 산업혁명은 교통혁명으로 이어지고, 다시 대량생산-대량판매 체제의 실현으로 이어지면서 도시화가 가속화되고 물리 공간 중심 시대의 전성기를 맞이하였다. 1960년대 이후 컴퓨터를 중심으로 한 'IT혁명'은 물리 공간 중심의 고정관념을 해체하고 전자공간의 활용이라는 인간문명과 의식의 새 지평을 열었다. 현재는 IT혁명이라는 대 흐름 속에 공간 디자인도 새로운 패러다임에 접하게 되었다.

공간은 인간의 다양한 삶을 담아내는 그릇이며, 물질과 정보 흐름의 토대가 되는 보편적 자원이다. 공간은 기하학적이나 고정되어 있지 않으며, 물질적이면서도 권력과 가치를 내포한다. 공간은 실체로서 존재하기도 하지만 보이지 않을 수도 있다. 기존의 정보 혁명이 시간과 공간의 제약 등을 극복하기 위하여 디지털화된 물리 공간의 활동과 기능을 컴퓨터 속으로 집어넣었다면, 새로운 유비쿼터스 IT혁명은 전자 공간과 물리 공간을 유기적으로 통합하여 모든 사물에 지능을 이식함으로써 살아 숨 쉬는 역동적인 공간을 창출하고 있다.

이러한 역동적인 유비쿼터스 공간은 다양하고 다원화된 공간과 다차원화된 공간으로 드러나고 있으며 그 동안 기술적, 사고적인 한계로 인해 정체되어 왔던 현대 건축에 새로운 공간 디자인의 가능성을 열어주고 있다.

현대 시기를 다른 모든 시기와 구분 짓는 가장 명확한 특성 중의 하나는 현대성의 극한적 역동성이다.

전 현대적, 즉 근대적 환경에서는 시간과 공간은 장소의 위치 구속성을 통해 서로 묶여 있었다. 그러나 현대는 시간과 공간의 분리를 통해 구축된 사회적 환경 속에서 많은 형태의 '산 시간(lived time)' 이 가능해 진다.

시간의 공간으로부터의 분리는 장소의 특수성에 구애받지 않고 사회활동을 조정할 수 있게끔 시간과 공간을 재결합하기 위한 기초를 마련한다. 지구적 체계에까지 이르는, 넓은 범위의 시간-공간을 가로지르는 사회관계의 접합 조건으로 유비쿼터스 시대야 말로 새로운 시대적 패러다임이라 할 수 있다.

최근 우리나라에서는 하나의 사조처럼 '유비쿼터스(Ubiquitous)' 란 개념이 널리 퍼지고 있다. 사람들의 인식에 유비쿼터스란, 어디서든 제한받지 않고 인터넷을 사용할 수 있고 모든 사물에 작은 칩이 내장되어 제어할 수 있는 개념 정도로 자리 잡혀 있다. 그러나 이러한 유비쿼터스를 통해서 궁극적으로 우리가 얻고자 하는 바는 무엇인가?

IT 기술자들은 유비쿼터스 환경을 언제 어디서나 컴퓨팅이 가능한 환경으로 이해한다. 그러나 유비쿼터스의 진정한 가치는 단순히 편리성을 중심으로 보는 것이 아니라, 인간의 본성에 비추어 볼 때 인간에게 행복한 삶을 주기 위한 수단으로써 시공간을 초월하여 영역을 확장시키는 감성 기술이자, 더 많은 메타포를 제공하는 수단으로 이해해야 한다.

유비쿼터스 공간은 '인간-기술-환경' 이 상호작용으로 구성되는 새로운 차원이다. 독일의 사회학자 막스 웨버(Max Weber)는 우리가 리드하는 삶과 실존하는 우리의 자신을 라이프스타일이라고 하였고 우리의 삶은 문화에 의해 구속되어 있다고 했다. 결국 우리의 삶은 우리를 둘러싼 문화 환경의 영향을 받는다는 것인데 유비쿼터스 환경은 결국 근본적으로 우리의 라이프스타일의 진화를 주도적으로 이끌 수 있다.

라이프스타일은 세 가지 단계로 해석될 수 있다. 첫째 단계는 가장 기본적인

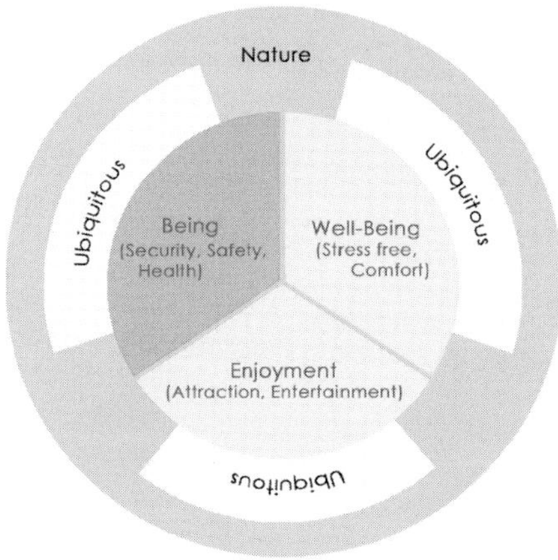


[그림_1] Ubiquitous Lifestyle의 세 가지 단계

인간의 욕구인 안전(safety), 보안(security), 건강(health)과 같은 생존(being)자체와 관련된 것이며 그 보다 좀 더 상위의 단계는 쾌적한 삶을 위해 더욱 편리하고(comfort), 스트레스를 받지 않는(stress-free)것이다. 이는 현재 웰빙(well-being)이라는 신조어가 유행하는 것처럼 이미 우리의 삶에 반영되고 있다. 마지막으로 가장 상위단계는 삶의 질적 면에서 가장 중요시되어가는 즐거움(enjoyment)을 주는 엔터테인먼트(entertainment)적 요소들을 포함한다. 이러한 라이프스타일의 세 단계들을 제공함에 있어서 일 방향적이거나, 이성 중심적이거나, 의미를 상실한 맵핑(mapping)과 같은 것이 아니라, 쌍 방향적이고 감성을 함께 중시하며 의미까지 함께 전달 할 수 있는 방법을 도출하기 위한 목적으로서 유비쿼터스 개념을 이해해야 한다.

이렇듯 과거와 현재, 그리고 미래를 연결하여 인간의 감성과 자아정체성을 확인시키고 확장시키며 공간의 메타포를 통해 의미의 다양함이 가능해지는 개념으

로 유비쿼터스를 이해하고 공간을 디자인해야 한다. 유비쿼터스 기술은 우리가 그동안 잠재적으로 상상만 하던 공간과 환경을 실제적으로 디자인할 수 있도록 도와주는 기술인 것이다.

# Ubiquitous_ smart space

살아있는 공간

'유비쿼터스(Ubiquitous)' 란, '어디에나 존재한다.(Omnipresent)' 는 의미의 라틴어 'Ubique' 에서 유래한 것으로 '동시에 도처에 존재하는' 이라는 사전적 의미[1]를 갖고 있으며, 정보통신부에서는 이를 '언제, 어디서나, 누구라도 손쉽고, 편리하고, 안전하게 컴퓨터와 네트워크를 이용할 수 있는 환경(Anytime, Anywhere, Anydevice, Anyservice, All security)' 이라고 정의[2]하고 있다.

유비쿼터스는 1988년 제록스사의 Palo Alto 리서치 센터(PARC)에서 일반인들이 컴퓨터를 더 쉽게 사용할 수 있는 방법을 연구하던 마크와이저(Mark Weiser) 박사가 제시한 '유비쿼터스 컴퓨팅(Ubiquitous computing)' 이란 용어를 통해 처음으로 제시된 개념[3]이다. 그에 의하면 우리가 일상생활에서 사용하는 컴퓨터는 인터페이스의 통일 등으로 사용의 편리성이 많이 높아졌지만 심리적으로는 여전히 부담스럽고 사용이 어려울 뿐 아니라 사용하는 동안 컴퓨터와 모니터에 시선을 고정해야 하는 등 상당한 집중이 필요하다. 와이저가 말한 유비쿼터스 컴퓨팅은 바로 이러한 문제점을 극복하고자 하는 것으로 사람들이 일상생활에서 공기를 의식하지

1) Longman Dictionary of Contemporary English
2) http://www.ubiquitousdream.or.kr/htm_kor/ubi_1.htm
3) 김한중, 「유비쿼터스에 대한 고찰」, 정보디자인학연구 제7집, 2004.

않듯이 언제 어디서나 컴퓨터를 사용하면서도 컴퓨터를 의식할 필요가 없는 '조용한 기술(Calm technology)' 로써의 정보환경을 의미한다.

이전의 정보환경은 전자공간을 창조하고 전자 도서관과 쇼핑몰 등을 집어넣음으로써 어느 정도 시공을 초월할 수 있었다. 그러나 우리 주변에는 여전히 물리공간 속에 남아 컴퓨터 속으로 들어올 수 없는 대상들이 더 많이 존재하고 있다. 그러한 대상 속으로 인간이 직접 들어가기 전에는 그 속에서 어떤 변화가 일어나고 있는지 무엇이 잘못되고 있으며, 어떠한 조치가 필요한지는 알 수 없다. 인터넷과 같은 전자공간에 접속하는 것도 때와 장소의 제약을 받을 수밖에 없으며 항상 컴퓨터를 들고 다니는 것도 거추장스러운 일이다.

유비쿼터스 혁명은 과거의 정보혁명의 연장선상에 있으나 그 공간혁명의 발상은 정반대이다. 그 차이를 한마디로 말하면 정보혁명은 물리공간을 컴퓨터 속에다 집어넣은 혁명이지만 유비쿼터스 혁명은 물리공간 속에다 컴퓨터를 집어넣은 혁명인 것이다.

'제3공간' 이라 일컬어지는 유비쿼터스 공간에서는 물리적 환경과 사물들 간에도 전자공간과 같이 정보가 흘러 다니며, 마치 사람이 그 속에 들어가 있는 것처럼 지능화되어 정보를 수 · 발신하고 사람들이 원하는 활동을 수행한다. 유비쿼터스 혁명은 물리공간과 전자공간의 한계를 동시에 극복하고 사람, 컴퓨터, 사물이 하나로 연결되어 기능적으로 세상에서 가장 최적화된 살아있는 공간(living space)으로 가는 마지막 공간혁명의 단계이다.[4)]

4) 최경아, "유비쿼터스 도시(U-City)구축을 위한 연구", 대한경영학회지, 제18권 제1호, 2005.

현재 이러한 유비쿼터스 개념은 사회적으로 많이 이슈화되어 있고 수많은 이론들이 나오고 있다. 현재 나오는 유비쿼터스와 관련된 이론들의 대부분은 정보제공 방법을 연구하는 정보공학 분야와 RFID 등 유비쿼터스 센서 네트워크(Ubiquitous sensor network)를 연구하는 전자공학 · 통신 분야 그리고 유비쿼터스 디바이스(Ubiquitous device)를 연구하는 설비분야가 대부분이다. 이들은 모두 유비쿼터스라는 개념을 통하여 인간에게 보다 낳은 서비스와 삶의 질을 향상시키고자 한다.

대표적인 예로써 쿨타운(Cooltown) 프로젝트가 있는데 이것은 휴렛 팩커드(Hewlett Packard)의 인터넷 및 이동 시스템 연구소(Internet and Mobile Systems Laboratory)에서 Tim Kindberg를 중심으로 시작된 연구프로그램으로 사람(people), 장소(place), 사물(things)을 웹상에 존재시켜서 편리를 도모하자는 연구 프로젝트이다. 이는 사람과 사물을 웹에 링크시켜 현실공간과 컴퓨터 세계를 연결한다는 컨셉으로 이동하는 이용자(Nomadic user)를 대상으로 언제 어디서나 커뮤니케이션을 가능케 하기 위한 프로젝트다.

이 사례에서 제시하는 비전은 '현실세계와 가상세계의 연결을 위한 Real World Wide Web의 구현' 이며, 이를 위해 소프트웨어 및 서비스, 정보기기 등의 연구 · 개발을 수행한다. 본 사례의 목적은 웹 기술, 무선 네트워크와 이동형 휴대장치를 확장하여 물리적 사물과 전자적 서비스 간 가상의 브리지(Virtual bridge)를 형성하는 것인데, 이러한 목적이 달성됨으로써 양자가 보다 긴밀히 연계되어 양자의 세계가 보다 발전된 형태로 나아갈 것이라고 예상하고 있다.

쿨타운은 현실세계에 존재하는 모든 장소, 사람 및 사물들이 가상세계(웹)에도 존재하며, 대상과 관련된 정보 및 서비스를 담고 있어 누구나 다양한 정보기기를 이용해 자신이 속해 있는 공간 및 그 안에 존재하는 모든 사물들과 관련된 서비스

[그림_2] HP사의 Cooltown Project

(E-service)를 인터넷을 이용할 수 있는 도시의 모습이다.

이와 같이 현재 연구되고 있는 유비쿼터스의 방향은 와이저가 '조용한 기술' 이라고 말한 것과 같이 다분히 과학 기술적이고 설비적이라고 할 수 있다. 인터넷과 전자 기술이 발전하고 나노 · 바이오기술이 발전하면서 유비쿼터스 개념이 생길 수 있었고 발전하게 되었다. 그런데 이것을 왜 건축에서 얘기하고자 하는 것일까? 그 이유는, 유비쿼터스가 건축이라는 분야가 다루고 있는 '사람과 사물과 장소' 를 이야기하고 있다는 것이다. 건축은 사람을 위해 필요한 위치에 알맞은 시설을 짓는 것이다. 유비쿼터스가 분명 인간을 위한 것이고 삶의 질을 더 낳게 하기 위한 것이라면 당연히 건축은 유비쿼터스를 통하여 풀어야하는 과제인 것이다.

과거 인간은 자연이 만들어준 동굴 속에서 자신의 안위를 위해 안식처를 만들어 살았다. 그러다 농업혁명 때 인간은 유목생활을 멈추고 정착생활을 시작하면서 주거라는 공간이 생기면서 그 공간을 용도에 맞게 나누어살기 시작하였고 시간이 흘러 산업혁명이 일어나면서 인간은 도시로 모여들기 시작하였는데, 이때 좁은 도시 안에 많은 사람들을 넣기 위하여 건축은 모듈화가 되었고 대량생산의 시대를 맞이하였다. 현재 인간은 디지털 시대라는 환경 속에서 과거 획일적이던 인간의 가치

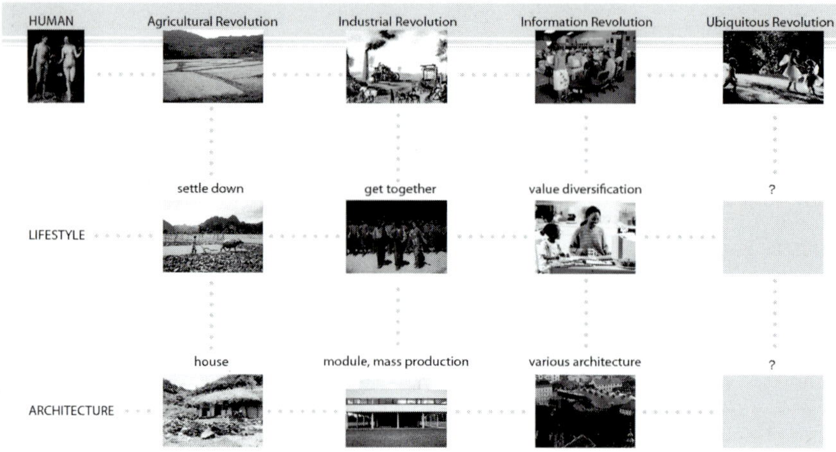


[그림_3] 유비쿼터스 혁명의 도래

관이 다양해지면서 사람들은 도시를 벗어나거나 도시에서 이전과 다른 삶을 추구하기 시작했다. 그러면서 건축은 인간의 다양한 욕구를 충족시키기 위하여 기존의 건축을 벗어나 다양한 형식의 접근을 꾀하고 있다. 이런 환경의 발전은 건축에서 시작되었고 인간의 삶의 질을 높이기 위한 공간이라는 공통된 꿈을 실현해 왔다. 이제는 인간을 위한 유비쿼터스의 등장으로 건축이 한 번 더 발전할 수 있는 계기가 생긴 것이다.

현재 나오고 있는 건축학회지를 보면 유비쿼터스에 관한 연구가 많이 나오고 있다. '유비쿼터스 컴퓨팅: 대량 맞춤화의 시대'[5]에서 보면 유비쿼터스가 건축에 다가오는 패러다임의 변화로 보고 건축가는 자신의 주변에 존재하는 다른 산업에서 장점을 배우며 융·복합되어 새로운 테크놀로지를 구사하는 새로운 패러다임의 건축가(Hybrid architect)로 자신을 재정립하는 자세가 필요하다고 말하고 있다. 그

5) 김용성, "유비쿼터스 컴퓨팅: 대량 맞춤화의 시대", 국민대 테크노디자인전문대학원 교수, 2005.

러면서 앞으로의 공간을 지능형 공간(Smart space)으로 예상하고 공간자체를 지능형 기술로써 구현한다고 말하고 있다. '우리나라 유비쿼터스 주택의 현황과 정책방향에 대한 탐색적 연구'[6]에서는 유비쿼터스 주택을 유비쿼터스 컴퓨팅이 구현되기 가장 적합한 공간이라 보고 홈 네트워크, 모바일 디바이스 등의 기술적용을 하여 발전적 추진 전략을 제시하고 있다.

이렇게 말하고 있는 유비쿼터스 환경이 과연 건축환경에 있어서 지능 · 설비화 방향으로만 가야하는 것일까? 위의 논문들과 함께 여러 연구 문헌들을 보면 기술을 공간 안에 삽입함으로써 인간들에게 더 낳은 삶의 질을 제공하고자 한다. 그래서 더욱 편리한 공간환경을 위하여 어떤 기술을 사용할 것인가를 생각하고 어떻게 인터페이스와 디바이스를 디자인 할 것인가를 고민하고 있다. 그리고 유비쿼터스라는 개념을 통하여 서로 다른 비전을 제시하고 있다. 그러나 우리가 분명히 생각해야 할 것은 유비쿼터스는 기술이 아닌 우리의 자아정체성과 라이프스타일, 시공간의 이해와 관련되어 있다는 것이며 따라서 사람을 이해하고 삶의 공간을 창조하는 건축가들 또한 유비쿼터스 환경을 고찰해야 하는 것이다.

6) 우윤석, "우리나라 유비쿼터스 주택의 현황과 정책방향에 대한 탐색적 연구", 주택연구(제13권 제2호), 2005.

# Communication_ interactive space

## 소통하는 공간

일반적으로 인간과 환경의 상호작용은 크게 인간과 자연, 인간과 인공물로 나눌 수 있다. 이중에서 인간의 생물적 · 신체적 · 물리적 수준을 넘어서 인간 마음의 작용이 주로 개입되는 것은 인간과 인간의 상호작용이며, 인간과 컴퓨터의 상호작용이다. 이 둘은 현대를 사는 우리의 삶을 지배하고 있다.

인공물이란, 인간이 살며 적응해 나가기 위하여 만들어낸 하나의 적응도구이다. 그러한 인공물은 인간의 인지적 구조 특성과 인지적 개념화 특성이 반영된 도구이다. 또한 인간의 마음, 인지적 구조 특성과 인지적 개념화 특성이 반영된 도구이다. 그리고 그 도구는 단순히 인간의 행위를 수동적으로 받아들이는 대상으로서만 존재하는 것은 아니다. 인간의 마음, 인지의 확장된 외연의 일부이다. 현대의 인공물의 총아인 컴퓨터처럼 이러한 인공물은 역으로 인간의 인지적?정서적?신체적 적응방식을 제약하기도 한다. 인간의 인지적 능력과 필요에 의해 만들어진 인공물이 거꾸로 인간의 인지 더 나아가서 심리 전반과 삶의 양식까지 제약하는 것이다. 현대인의 삶의 그리고 미래의 인간 삶의 상당 부분이 〈인간과 인간의 상호작용〉의 부분보다도 인간 · 기계 · 인간의 〈매개적 인간과 인간의 상호작용〉 또는 〈인간과 기계의 상호작용〉에 의해 영위되고 결정된다고 할 수 있다.

마음의 본질과 관련하여 재구성된 인지심리학의 물음은 더 이상 환경과는 독립적으로 인간 개인의 머릿속에 형성되어 있는 정적이고 지속적인 표상내용과 과정에만 초점을 맞추고 있을 수는 없다. 상황적 상호작용인 인간 · 기계 · 인간의 상호작용, 인간과 기계의 상호작용 등의 본질을 연구하고, 그 탐구 결과에 의해 인간 마음의 본질을 추론하고, 또한 인간이 일상의 이러한 환경과의 상호작용에서 가장 효율적으로 적응할 수 있도록 하는 방안을 도출해야 한다. 그러한 방안이라는 것은 인간의 인지적 원리가 가장 잘 반영된 인공물(특히 정보 테크놀로지) 환경체계를 구성하는 일과 그러한 환경체계 속에서 효율적으로 적응하는 방법을 개인이 가장 잘 학습하고 활용할 수 있는 인지적 지원체계를 제공하는 것이다.[7)]

[그림_4] 인터렉티브 디자인 디스플레이
(출처: 「Information Design Source Book」, Birkhauser Basel, 2005)

우리 몸을 구성하는 물질들은 뇌를 중심으로 하는 거미줄 같은 신경망을 통해 네트워크로 연결되어 있다. 그리고 이들은 우리가 의식하지 않아도 스스로 정해진 규칙에 따라 식별 · 감지 · 추적 · 작업을 한다.

이러한 방식의 유기체가 바로 인간의 정신과 신체간의 관계처럼 완전하진 않

7) 이정모, 「인지심리학(형성사, 개념적기초, 조망)」, 아카넷, 2001.

지만 물리공간과 전자공간 간의 연계통합을 지향하는 제3공간이자, 유비쿼터스 공간이다.

유비쿼터스 공간에서는 공간이 인간과 상호작용하며 유기적 감응, 유동적인 변형, 비구축적인 경량성, 구축세계의 해체, 이미지의 집적과 새로운 소통체계 등 추구한다. 유비쿼터스 환경에서의 공간은 더 이상 사용자와 공간이 따로 존재하는 것이 아니라 서로 상호작용하는 것이 기존의 공간과 큰 차이점이라고 할 수 있겠다. 이러한 측면에서 인터렉티브한 디자인이 요구되어지며 공간을 인지하는데 있어서 새로운 감각이 필요하다고 하겠다.

앞서 밝힌 공간의 메타포는 이러한 유비쿼터스 공간의 상호작용을 위해 꼭 필요한 과정이다. 인간과 공간의 상호작용이 유비쿼터스 공간의 대표적인 특징이며 이를 위해 공간 디자인을 하는 디자이너들은 공간과 사용자의 커뮤니케이션을 위해 메타포의 과정을 사용하는 것이 요구되어진다.

셀리아 피어스(Celia Pearce)는 "인터랙션(상호작용)의 혁명은 디지털 테크놀로지를 통해 인간을 기계에 봉사하게 했던 산업혁명의 독을 제거하고 인간성을 다시 회복시켜줄 인류문화의 해독제다."라고 말했다. 이는 즉 인터랙션 디자인이 유비쿼터스 시대에 중요하다는 것을 알려준다. 이 혁명의 심장에 바로 '인터랙티비티(Interactivity)' 가 있다. 인터랙티브 혁명은 테크놀로지에 대한 혁명이 아니고 인간에 대한 혁명이다. 이것은 우리 인간의 정신적, 창조적 능력을 확장시키는 기계의 창조에 관한 것이다. 그래서 우리로 하여금 전 지구 차원에서 엄청난 지식을 저장하고 운용하고 공유하게 만드는 것이다.

[그림 5]에서와 같이 실연자가 특수 센서가 부착된 장갑과 3D안경을 착용하고 공중에서 그림을 그리고 있다. 실연자의 움직임은 그대로 컴퓨터 감응 작업대에 3D비주얼로 나타난다.

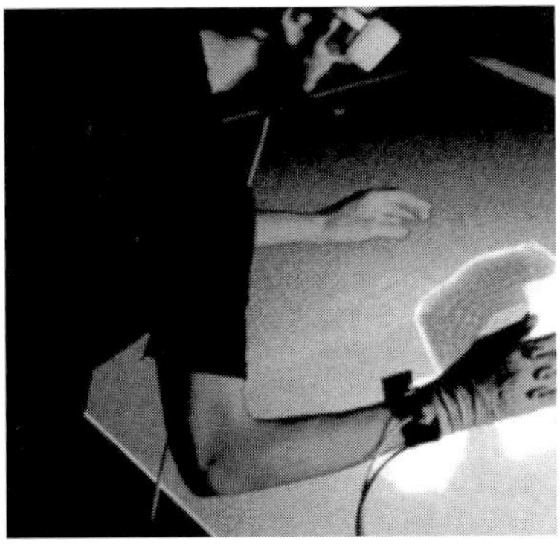

[그림_5] 컴퓨터 감응 작업대

디지털 미디어 예술이 가져온 가장 중요한 특징은 기존 아방가르드 미술과 포스트모더니즘의 중요한 특징인 '참여성'을 새로이 갱신하는 것이다. 소위 '상호작용성(Interactivity)' 혹은 '쌍방향'이라고 하는 인터랙티브한 측면을 말하는 것으로써, 카트린 이캄(Catherine ikam)과 루이 플레리(Louis fleri)가 공동으로 제작한 상호작용적 설치 작품인 '타자(Autre)'는 1992년 몬트리올에서 열린 '미래의 이미지전'에 출품된 작품이다. 어두운 방에는 대형 비디오 스크린이 있으며, 이 스크린 위에는 하나의 '얼굴'(컴퓨터로 합성된)이 투사된다. 방의 가운데에는 줄 끝에 센서가 달려 있고, 관객은 이 센서를 사용하여 이 '타자'와 상호 작용할 수 있다. 그 센서를 사용하기에 따라, 얼굴은 커지거나 작아지며, 또는 얼굴을 돌리고, 숙이고, 변형되기도 한다. 즉 그것은 '살려고' 시도한다. 이 설치작품의 특징은 바로 관객으로 하여금 그 얼굴을 직접적으로, 원하는 대로 컨트롤하지 못하게 하는 프로그래밍의 우발적 측면이다. 사실 관객은(혹은 대화자는) 종종 그러한 얼굴의 변화에 대답하려고 시도하는 자신을 발견하고 놀란다.

이러한 상호작용은 현대미술 전체를 관류해온 '예술의 참여적 측면'의 연장으로 해석되며, 전자매체예술 전반의 중대한 미학적 측면이 되고 있다. 그밖에도 이러한 상호작용의 예는 무수히 많다. 힐라리 캐펀(Hillary Kapan)의 경우처럼 관객이 미리 프로그래밍된 컴퓨터상에서 마우스를 통해 스스로 이미지를 변형시킬 수 있는 작업, 가상현실의 경우로서, 니콜 스텐거(Nicole Stenger)의 경우처럼 입체영상과 데이터 장갑(Data glove)을 수단으로 관객이 완전한 가상적 공간 속에서 가상적 정원들을 방문해 나가기, 컴퓨터 모니터에 투사되고 있는 가상적 민들레꽃에 관객이 입김을 불면 그 꽃가루가 퍼져 날아가고 다시 생성되어 가는 에드몽큐쇼(Edmond Couchot)의 작업, 그리고 가장 스펙터클한 가상현실을 추구하는 제프리 쇼(Jeffry Show) 등의 경우이다.

[그림_6] 제프리 쇼, 읽을 수 있는 도시
(출처: Legible city, 1990)

제프리 쇼의 '읽을 수 있는 도시(legible city)' 의 경우, 관객은 센서가 설치된 자전거(한 지점에 고정된)를 타고 운동하는데 이에 따라 맨해튼 시내에서 암스테르담에 이르기까지 실내를 가득 메운 가상적 풍경 속에서 자유롭게 관광할 수 있다. 이러한 가상현실 작업의 특징은 시간적 지체나 간격이 종종 수반되는 다른 상호작용적 작업과는 달리 거의 완벽한 '실시간(real time)' 실행을 전제로 한다는 점이다. 따라서 그것은 메인프레임에 가까운 대용량 장비를 수반하곤 한다. 또한 가상현실 작업은 가상체험자의 감각기관들을 가능한 한 가장 직접적으로, 그리고 총체적으로 가상적 체험에 접속되도록 한다. 그럼으로써 실제세계와 가상적 세계의 연결통로를 더욱 극단적으로 추구해나가는 것이다.

유비쿼터스 공간도 센서 기술을 응용하여 인간이 공간과 상호작용 가능하도록 한다. 그러기 위해서는 무엇보다도 인간의 감각과 제일 직접적인 영향을 주고받아야할 것이다. 이처럼 인간의 감각이 서로 상관되어 상호작용을 한다는 점을 이용하여 디자인에 적용하는 것을 인터렉션 디자인(Interaction design)이라고 한다. 공간 디자인, 제품 디자인 등 여러 디자인 분야에서는 이러한 인간의 감성에 호소하는 디자인을 이미 실천하고 있으며 유비쿼터스 공간에서는 필연적인 요소로 작용을 한다.

[그림 7]의 파티 월(Party wall)은 Artists Space가 의뢰한 상호반응적인 설치물이며 두 개의 인접한 영역을 나누는 벽으로 각 영역 소유자들은 소유권을 공유한다. 방문자들이 갤러리 내에 만든 경계선으로 인해 여러 방향으로 나눠듯이, 파티 월은 교류와 대화 그리고 분할을 선도한다. 파티 월은 각 사이드에 있는 '이웃' 이 그들의 영토, 시각, 온도, 그리고 음향적 질을 다이내믹하게 조절할 수 있도록 해준다. 내장된 접근 센서들은 마이크로 프로세서에 신호를 보내어 서브모터와 동시기어 드라이브를 가동시켜 발포체들(Foam)의 수축이나 팽창을 유발하여 '이웃' 의 존재여부를 탐지한다. 변화하는 틈과 재료들의 밀도는 벽의 분리와 횡단의 기능을 무너뜨리고 끊임없이 변하는 물체로 전환시킨다. 발표체라는 자연적 요소를 통해 파티 월은 수시로 변하며 인텔리전트 네트워크로써의 역할을 수행한다. 각 모터의 움직임은 더 나아가 다른 센서를 자극하고 벽 자체와 외부에서 오는 힘 모두에 반응을 보인다는 점에서 파티 월의 형태는 예측할 수도 있고 예측불가능 할 수도 있다. 갤러리의 컨텍스트 내에서 영역과 소유라는 이슈를 넘어서, 미래의 파티 월은 빛, 열, 그리고 소리에도

[그림_7] Party wall
(출처: nARCHITECTS, 2005)

[그림_8] 부착된 센서들에 의해 움직이는 Party wall

반응을 보일 것이다.

유비쿼터스 컴퓨팅과 결합한 현실 공간은 정보처리에서 이미 디지털 공간과 같은 구조를 지닌다. 도처에 연결되어 있는 네트워크와 단말기는 이미 현실 공간과 디지털 공간의 경계를 허물어 구분이 모호한 공간을 만들어 내며 모든 곳에서 모든 정보를 직관적 인터페이스를 통해 얻을 수 있는 능동적 공간이다. 유비쿼터스 컴퓨팅과 결합된 '지능형 공간' 은 디지털 공간과 같이 하나의 목적을 입력하여 하나의 답을 구하는 것과는 다르다. 정보를 소유하고 있는 것이 디지털 공간이고 그 정보에 접근하는 것이 사람이라면 지능형 공간은 공간 스스로가 인간이 필요한 정보를 판단하고 제공하는 공간이다.[8] 이러한 공간은 계획자에 의해 주어진 공간에 수동적으로 적응하는 공간이 아닌 능동적으로 적극 참여하고 변화시킬 수 있고 적응시키는 공간이다.

유비쿼터스 공간은 사람들에게 새로운 만족을 느낄 수 있는 감각의 차원, 지식의 차원(편집된 것이 아니라 신선도가 높은 형태), 공간 활용의 차원(집단의 소유물인 도시 공간 등을 개인공간으로 맞출 수 있는 가능성)을 깨닫게 해줄 것이다.

이러한 유비쿼터스 공간에서 요구되어지는 것이 바로 커뮤니케이션이다. 적극적이고 능동적인 공간으로 진화되고 있는 현대 시대의 요구를 그대로 수용할 수 있는 유비쿼터스 공간에는 사용자와 공간이 직접 커뮤니케이션하고 사용자와 사용자가 커뮤니케이션하는 공간이다. 최근 테크놀로지의 경향은 마치 인간의 모든 육체적 활동을 대신하기 위해 분투하고 있는 것처럼 보인다.

8) 조택연, "유비쿼터스 환경에서 구현 가능한 지능공간 주거", 대한건축학회, 2005.

디지털 언어를 최초로 사고한 사람이라 할 수 있는 라이프니츠의 모나드(Monade)를 보면 그의 세계관은 세계가 근본적으로 가득 차 있다는 것을 근거로 한다. 그는 질적인 차이들을 그 자체로 받아들이는 것이 필요하다고 주장하면서 무한하게 분할 가능한 것은 실체가 아니며 실체란 분할할 수 없는 무엇인 것이라 하였다. 그것이 바로 라이프니츠가 얘기한 모나드인데 그것은 자족적이며 운동력을 갖고 있고 타에게 의존하지 않는 형이상학적 실체이다. 그것에는 많은 질(qualities)과 빈위(attributes)들을 가지고 있으며 이들은 욕동(appetite)에 의해 펼쳐진다. 이러한 질과 빈위들은 일정하게 펼쳐지기 때문에 모나드 안에 주름 접혀있다. 이것은 세상의 무수한 지각들로부터 강한 지각을 향하여 펼쳐지게 되고 이런 모나드들은 서로 함께 놓이면서 관계를 갖는다. 이것은 A와 B가 만나는 것은 서로를 지각함으로써 함께 놓일 뿐, 둘 중 하나가 그 관계를 만들었다는 것이 아니라는 뜻이다. 라이프니츠는 이렇게 모나드들이 함께 놓임으로써 마치 거울을 보듯이 같은 질과 빈위들을 갖게 되는 것이고 이렇게 함께 놓이는 것이 많을수록 모나드안의 질과 빈위들은 많아진다고 하였다. 또한 모나드가 많은 질과 빈위들을 가질수록 그것은 신에게 가까워지는 완성태에 다다르게 되는데 이것이 곧 더 나은 세계를 만든다고 말하였다. 다시 말해서 더 나은 세계를 만들기 위해선 모나드간에 함께 놓이는 관계를 많이 가져야 한다는 것, 즉 커뮤니케이션이 많을수록 인간은 신에 가까운 완성태에 다다를 수 있다는 것이다.

인간은 더 나은 자신의 완성태를 만들기 위해 많은 커뮤니케이션을 한다. 하지만 과거에는 개체(모나드)와 소통하기 위해선 시간과 장소에 많은 제약을 받았다. 디지털 시대에는 전보다 많은 한계를 극복할 수 있었지만 여전히 컴퓨터라는 디바이스를 활용해야 한다는 점에서 제약이 따를 수밖에 없었다. 하지만 유비쿼터스의 시대가 오면서 시간과 장소적 한계를 극복하게 되었다. 그래서 사람은 유비쿼터스를 통

하여 많은 커뮤니케이션을 하게 되고 자신의 완성태를 이룰 수 있게 될 것이다.[9)]

결국 유비쿼터스 환경은 개체와 개체(인간, 사물, 장소, 자연)간의 커뮤니케이션이 언제 어디서나 이루어 질 수 있는 환경인 것이고 건축은 기술과 함께 이들을 위한 공간을 만들어야 할 것이다. 유비쿼터스 컴퓨팅의 개념이 나오면서 인간들은 3차원의 세상에서 다차원의 환경에 들어서게 되고 그것을 통한 행위 자체가 변할 것으로 예상한다. 사람은 집에서도 회사와 같은 환경에서 일을 할 수 있게 되고 휴가를 가서도 집을 통제하고 업무를 볼 수 있는 환경이 될 것이다. 그렇다면 인간의 삶을 담는 그릇을 계획하는 건축가로써 그들이 유비쿼터스 환경을 통하여 벌어질 행위들을 예상하고 그 환경에 가장 적합한 공간을 만들어야 한다고 생각한다.

마포구 상암동에 자리한 DMC(Digital Media City)를 계획한 카이스트 연구팀(Virtual Reality Lab, System Architecture Lab, Degital Contents and Color Design Lab)[10)]에서는 유비쿼터스 세상이 도래하여도 우리가 지금 살고 있는 환경은 전혀 달라지지 않는다고 한다. 단지 여러 기술들이 우리가 보이지 않는 곳에서 우리의 삶을 풍요롭게 해준다고 한다.

그러나 과연 그럴까? 우리의 환경은 기술자적 관점에서만 이해되면 안 된다. 철학적, 심리적, 사회적 관점에서 이해되어야 한다. 유비쿼터스 환경이 실현된다면 분명 인간의 행태는 달라질 것이 분명하고 공간에서는 더욱 필요한 공간과 필요 없는 공간이 생길 것이다. 그리고 지금까지 우리가 생각할 수 없었던 공간이 생길지도 모른다. 이러한 공간들은 현재의 공간보다는 눈에 거슬리는 기기의 도움 없이 인간이 원하는 지식, 흥미, 오락, 교육, 생산성, 사회성들을 성취할 수 있던 과거의

9) 이정우, 「주름, 갈래, 울림」, 거름 출판사, 2001.
10) http://vr.kaist.ac.kr/DMS_home/index.htm

공간으로 바뀔 것이다. 실존주의 건축이론가 노베르그 슐츠(C. Norberg-Schulz)가 제시한 것은 '사회의 공간적 유동성이 증대될수록 인간의 주거(안식처)에 대한 애착은 더욱 증대할 것' 이라는 주장을 전개하였다. 즉 문명이 진보를 향해 진전할수록 인간성은 메마르고 거칠어지는데, 이러한 상황이 사람들로 하여금 이웃을 찾게 하고, 뿌리내릴 수 있는 진정한 장소를 찾게 한다는 것이다.[11]

따라서 건축가는 인간을 위한 유비쿼터스 기술을 사용하여 인간의 커뮤니케이션을 극대화하도록 해주고 더 나아가 동시에 장소성을 갖는 공간과 자연을 갖고 수많은 개체들과의 커뮤니케이션이 가능한 공간을 계획하여야 한다. 예를 들어 주거에 있어서 기존 주택을 가로막고 있는 담을 없애서 기존의 담이 가지고 있던 방범, 영역성 그리고 프라이버시 보호의 효과가 없어지게 된 것을 방범용 센서와 차단 프로그램의 기술을 적용하여 담의 역할을 대신하고, 시야를 가로막지 않은 아주 소극적인 영역 표시를 해주고, 식생(vegetation)을 통한 프라이버시 보호를 한다면 이웃 간의 커뮤니티 형성에 한발 다가섬과 동시에 생활 환경의 질을 향상 시킬 수 있다. 또한 개인의 프라이버시를 위한 내부공간에서의 행위들이 필요한 공간이 작아지고 합쳐지면서 가족의 커뮤니티를 위한 공간이 늘어나게 될 것이다.

오피스의 경우 유비쿼터스 컴퓨팅 통하여 개인의 핸드폰을 인식하여 바로 그 장소에서 휴대폰 소유자의 컴퓨터 환경이 생기게 되고 어느 곳에서든 자신의 자리처럼 업무를 보며, 미디어 월(media wall)을 통하여 기존의 화상 회의실이 아닌 개인 책상에서 회의를 할 수 있으며 집이나 다른 장소에서도 편하게 업무를 볼 수 있는 환경이 될 것이다. 그렇게 된다면 회사에서 보유해야 할 책상의 수가 현저하게 줄어들 것이며 회의 공간이 줄어들면서 남은 공간들은 커뮤니케이션을 위한 공간으

11) Norberg-Schulz, C., 「The Concept of Dwelling」, New York, Rizzoli International Inc., 1985.

로써 쓰일 수 있을 것이다. 또한 남은 공간을 통해 주거 환경을 만들어 줌으로써 파견 근무자나 출장자 또는 집이 먼 직원들에게 제공하여 일의 효율을 극대화 시킬 수도 있을 것이다.

건축은 이제 더 이상 낭만적인 디자인관을 가지고서는 융 · 복합(convergence)이 진행되는 산업사회에서 도태될 가능성이 크다. 하나의 능력만으로 하나의 결과물을 만들기보다 여러 가지의 능력을 조합하는 것이 훨씬 더 나은 결과물을 만들 수가 있는 것이다. 그것은 과거에 정보의 범위가 제한적이어서 건축의 거장들이 세계의 디자인 흐름을 주도하던 시대에서 인터넷을 포함한 정보획득의 영역이 넓어짐으로써 자유경쟁의 시대가 왔기 때문이다.

# No formation

형태의 자유

유비쿼터스 환경은 건축이 다루어온 공간의 모습을 다른 방향으로 해석할 다양한 가능성을 가지고 있다. 그 중 하나가 건축 공간의 사용자인 인간의 공간적 지위를 수용할 차원을 가지고 있지 못한 기하 공간 패러다임에 이를 삽입하는 것이다. 인간의 공간지각 방식인 '내재자가 바라보는 불투명한 공간'[12)]과 기하학의 공간 사유구조인 '외재자가 바라보는 투명한 공간'이 서로 분리되어, 즉 인간의 공간지각과 기하학의 공간 인식 사이의 불일치를 극복하지 못해 단지 정량화가 가능한 기하 공간을 건축공간으로 사용하여 왔다. 이제 이것에서 벗어나 '다시점 내재자가 바라보는 부드러운 공간'으로써의 유비쿼터스 환경에서의 공간 패러다임을 생각해볼 필요가 있다.

물리적 이동 수단에 따른 시-공간 관계의 변화와 함께 인터넷과 디지털 매체에 의한 전 세계의 네트워크화는 기존의 장소성 개념을 근본적으로 흔들어 놓고 있다. 이러한 전 세계의 디지털 네트워크화는 대표적인 공간 구조 변화 요인들이다.

12) 물리적 현실공간의 직관적 이해와 공간의 수학적 해석 그리고 공간정보의 디지털적 처리가 가능한 유비쿼터스 공간의 성격을 감성구조로 축약하기 위해 은유적인 표현을 사용하였다. 현실 공간을 채우고 있는 입자들의 물리적 성격이나 기하공간의 비물질성 그리고 유비쿼터스 공간의 인식적 확장 등을 감성언어와 결합해 직관적으로 그 느낌을 전달하기 위한 표현이다.

즉, 현대 사회의 커다란 특징으로 드러나고 있는 이동성과 가상성의 증대에 따른 비정주성 개념이 공간 개념에 확장됨으로 기존의 장소성에 대한 의미 상실에 대한 대응을 하여야 한다.

[그림_9] 인간의 유목민적 특성

그렇다면 유비쿼터스 시대의 공간은 형태를 이루기 위함일까? 아니면 형태 없는 형태를 위함일까? 이를 위해 'No formation' 이란 단어를 사용해보기로 한다. 이를 설명하기 위해 유비쿼터스라는 개념이 갖고 있는 근본적인 의미와 현대 사회에 읽을 수 있는 현상들을 종합하여 '이동성과 가상성, 비정주성' 이라는 세 가지 개념으로 나누어 살펴보도록 하자.

이동성은 다른 용어로 가변성, 움직임, 유목성, 일시성을 의미한다.

모바일 인프라(Mobile infrastructure)의 다음단계는 이동성이다. 이는 기존의 네트워크가 유선으로 이루어진 것에 반해 물리적 선으로 접속되지 않고 무선으로 접속이 이루어지는 공간, 즉 비-장애적(unplugged)공간을 의미한다. 네트워크를 기반으로 하는 인프라가 구축되었을 때 유동성은 가속화된다. 도시의 거리를 걷고 있는 동안에도 언제든지 보행자들은 정보에 접근할 수 있어야 하고 그들이 서있는 어디에서나 특정한 거리의 주소에 관한 정보에 접근할 수 있어야 한다. 이러한 것들은 도시의 이동성과 확장을 증가시킨다. 이러한 유비쿼터스 환경에서의 이동성은 상상을 초월할 정도의 이동성의 확대를 가져온다.

가상성이라 함은 디지털, 비가시적 공간, 네트워크적 위상 공간을 의미한다. 가상현실(Virtual reality)은 고속의 연산이 가능한 컴퓨터와 이것에 연결되어 사용자의 움직임과 컴퓨터의 영상정보를 서로에게 상호 반응적으로 전달하는 HMD[13)]나 데이터 글러브 그리고 데이터 슈트 같은 장치들로 이루어진다. 가상현실 시스템에서 사용자의 의지는 데이터 글러브와 같은 입력장치에 의해 행위와 동기화되어 컴퓨터에 입력되며 컴퓨터가 모사하는 가상의 공간은 HMD와 같은 영상 출력장치나 촉각 자극이 가능한 디바이스에 의해 실시간 상호에게 작용하게 된다. 이러한 시스템에서는 마우스나 조이스틱과 같이 사용자의 의지와 행위가 이격된 인터페이스를 사용하지 않고 디지털 공간에 반응할 수 있다.

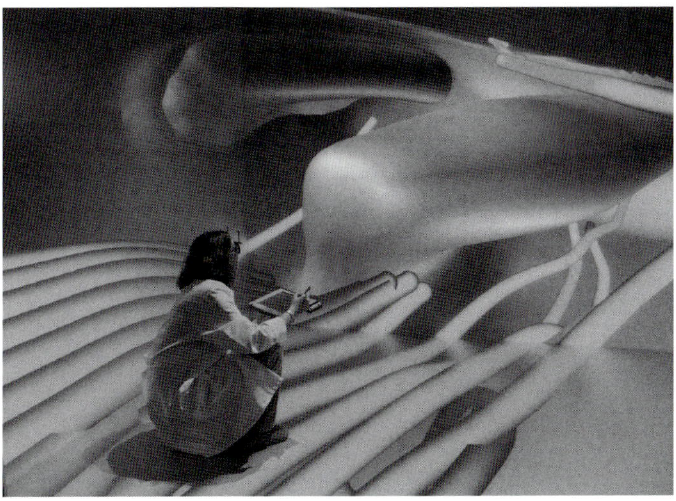

[그림_10] 공간의 가상성

13) HMD(Head Mounted Display) : 안경이나 헬멧형으로 눈앞에 있는 스크린을 보는 영상 장치. 주로 가상 현실감을 실현하기 위해서 개발되었다. 양쪽 눈에 근접한 위치에 액정 등의 소형 디스플레이가 설치되어 시차를 이용한 입체 영상을 투영한다. 이용자의 머리를 향하고 있는 방향을 자이로 센서 등으로 검출, 움직임에 대응한 영상을 강조함으로써 3차원 공간에 있는 것 같은 체험이 가능하도록 한 것도 있다. 미국 MIT 대학의 인공 지능(AI) 연구자 마빈 민스키가 1963년에 개발한 것이 최초의 것으로 알려져 있다. http://itdic.empas.com

또한 증강현실(Augmented reality)은 현실 공간과 디지털 정보를 실시간으로 융합하여 사용자에게  제공함으로써 공간 인지의 범위를 확장시키는 기술이다. 공간 인지의 범위란 물리적 공간에 미치는 크기 뿐 아니라 시간 혹은 현실 객체의 정보량을 의미하기도 한다. 가상현실(Virtual reality) 기술이 컴퓨터 연산을 통해 현실을 모사하는 것임에 반해 증강현실(Augmented reality)은 현실 공간과 현실 객체에 디지털 정보를 증강 투영함으로써 사용자의 인지능력을 증가시키는 기술이다. 이러한 증강현실은 경험이나 학습을 통해 획득한 사물(현실 공간 객체)이나 환경(현실 공간)에 대한 이해 즉 사전 지식이나 기억이 없어도, 그 대상에 대한 정보가 실시간 직관적으로 이해할 수 있는 모습으로 투영된다.[14)]

도시사회학자인 마뉴엘 가스텔(Manuel Castells)의 표현에 의하면, 현대의 공간은 장소공간(The space of place)보다 흐름 공간(The space of flow)이 우위에 선다고 하였다. 현대의 거주 방식 역시 정주적 형태에서 유목적 형태로 변화되고 있다. 이러한 현상을 비정주성이라고 정의한다. 고정된 생활 영역, 영구적인 구조, 정주적 장소성과 정체성을 거부하고 일상적 요구에 부응하는 가변성, 유동성, 적응성을 추구한다. 이러한 현재 사회의 요구에 유연하게 대응할 수 있는 환경이 유비쿼터스 환경이다.

14) 이민경, 우운택 "증강현실 기술 연구 동향 및 전망", 정보처리학회지, 제 11권 1호, 2004.

IDEA_01

# Street gallery by streetlight

## Metaphor

더운 여름날 밤에 건물에 투영되는 숲의 환영(illusion)은 시원한 기분과 역동적인 즐거움을 준다.

## Service

어지러운 간판의 혼란스러움에서 벗어나 지능형 가로등에서 투사하는 영상은 건물의 입면에 변화를 주면서 거리에 생동감을 준다.

## Meaning

거리는 주변환경에 따라 계속적으로 성격이 변하며 새로운 이미지를 갖는다.

# Projection streetlight

## Metaphor

가로등을 통해 투사되는 움직이는 영상은 우리의 발걸음은 재촉하며 리듬(rhythm)과 운동감(movement)을 유발시킨다.

## Service

밤길을 비추는 가로등의 역할에서 확장되어 짧은 소설이나 이야기 등을 바닥에 보여주고 보행자들은 그 글을 따라 읽으며 거리를 걷는다.

## Meaning

가로등은 거리의 촛불만이 아닌, 우리에게 그 빛으로 말을 걸어오고 오래도록 변치 않는 친구처럼 항상 그 자리에서 즐거운 얘기를 들려준다.

IDEA_03

# Event zone with streetlight

### Metaphor
주목받는 나. 스타가 된 듯한 기분을 느끼며 다른 사람과의 소통을 통해 자신의 정체성을 확인한다.

### Service
가로등의 특수조명은 그 각도를 다르게 설정할 수 있어 거리의 무대공간을 형성하여 다양한 이벤트 활동이 벌어질 수 있도록 조성한다.
프로젝션을 통해 번화한 거리에 다양한 프로모션 이미지를 투사한다.

### Meaning
누구나 무대의 주인공이 될 수 있는 자연스러운 환경조성과 거리의 이벤트로 생동감을 불러 일으킨다.

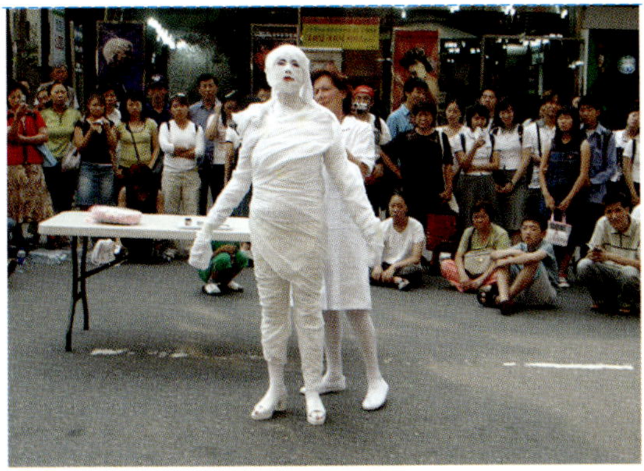

# Multi-dimension

다층적 구조

디지털이라는 미디어는 현대를 살아가는 인간들에게 사회의 환경을 한 단계 높여놓았다. 과거의 변화들과는 달리, 광범위한 영역에서 매일 발생하는 새롭고 구체적인 변화는 새로운 차원의 공간을 접하게 된다. 하나의 차원으로서 우리 안에 다가온 시간은 공간 속으로 녹아 들어가서 공간을 분절시키고, 중첩시키고도 하고, 무중력 상태로 띄워 놓기도 한다. 이 시간이라는 것은 인간의 행위, 나 자신이 중심이 되어서 공간속에 시간의 행위처럼 형상화 되는 것이다.

오늘날 이 새로운 차원의 공간은 유비쿼터스 컴퓨팅(Ubiquitous computing)으로 구현된다. 유비쿼터스 컴퓨팅은 물리적 공간과 결합한 디지털 정보를 새로운 공간의 구조로 제시하고 있다. 즉 정보시공간[15)]으로서의 공간을 제시하는 것이다. 유비쿼터스 환경에서 현실 공간은 디지털 차원과 결합해 보다 시간차원이 확장된 공간을 가진다. 현실공간에서의 사건은 시간축의 변화를 따라 인간의 기억에 남게 되고 그렇지 못한 사건은 사라진다. 유비쿼터스 환경에서의 사건은 이와 조금 다른

15) 정보가 독립된 차원으로 시공간과 결합하여 있는 공간의 구조를 표현하기 위해 만든 조어. 사용자가 공간정보를 이해한 공간과 그렇지 못한 공간의 구조는 다르다. 페로몬 네트워크를 사용하는 개미는 거주 공간을 3차원으로 이해하는 반면, 자신의 공간 기억을 통해 이해하는 인간은 공간은 자신의 인식을 벗어난 영역에서 0차원으로 존재한다.

의미를 갖는데 사건과 인간이 인식하지 못한 사건의 관계성이 디지털 공간에 저장되고 이는 제한된 범위의 시간차원으로 현실공간과 결합한다. 유비쿼터스 환경 영역의 확대는 공간을 이동하는 시간축이 생김으로써 다차원 공간을 창출해 내는 것이다.

건축분야에서 다루는 공간은 공간좌표에 의한 물리적 위치 관계와 디지털 정보에 의한 시간차원의 관계성 등을 두루 포함하는 확장된 의미이기 때문에 공간적 지위라는 표현을 사용해야 할 필요가 있다. 전통적인 회화의 영역에서 다루는 캔버스 위에서 하는 행위와 다른, 공간에서 드로잉을 하고 형태를 만드는 공간회화가 되는 것과 같이 건축에서는 물적 단위 공간을 제공하는 건축이 아닌 공간적 지위를 고려하는 지능공간에서의 건축이 유비쿼터스 환경 내의 다양한 공간의 구조를 담아낼 수 있는 것으로 예상된다.

미래의 새로운 비전은 인간의 중요한 가치 향상을 위해서 컴퓨팅 능력을 활용하자는 것이다. 새로운 장치의 개발이나 기술 혁신을 계속함에 있어 창의성과 생산성의 촉진, 상호 작용과 학습의 개선 등을 얻을 수 있도록 하자는 것이다. 그 일환으로 MIT Media Lab.에서 연구 중인 '생각하는 사물' 프로젝트는 중요한 기술

[그림_11] Multi Dimensional HD

적 맥락을 가지고 있으며, 이 외에도 수 많은 연구 과제가 진행 중이다.

'Multi Dimensional HD'는 지능형 공간을 구성하기 위한 모듈러 프레임워크로, 방의 표면을 구성하는 셀들이 자율 구성망을 이루어 통합적으로 상호 동작한다. 각 셀은 네트워크 통신기능, 센싱 기능, 지능기능, 동작 기능과 디스플레이 기능을 가지고 있다. 셀은 복잡한 센싱이나 디스플레이 응용을 제공하고, 모션이나 진동 등의 운동 기능도 함께 가지고 있다. 센서 값에 따라서 벽의 색깔이 바뀌거나, 벽의 LED가 깜박거릴 수 있을 뿐만 아니라 가변 크기의 창문의 역할도 할 수 있다. 게다가 영상 통화를 위한 윈도 창이 되기도 하고 또는 현재 방의 상태를 체크하거나 제어할 수 있는 윈도 창이 되기도 하는 지능형 공간을 가능하게 한다.

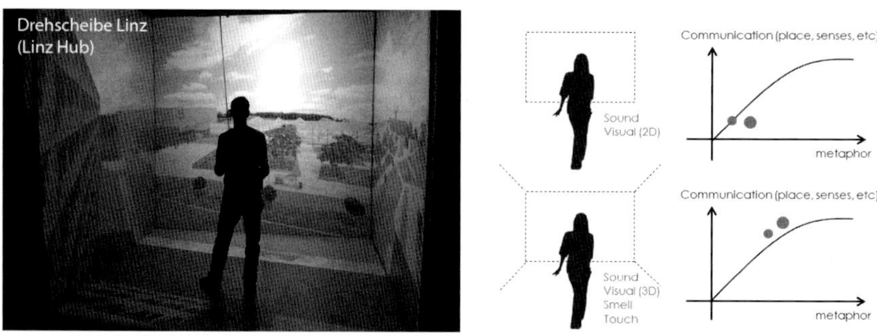


[그림_12] Screen Wall (Expansion SPACE)
(이미지 출처: http://www.aec.at/en/futurelab/projects_sub.asp?iProjectID=12352)

이러한 기술은 센서 등으로부터 현재의 상황을 판단하고 그때 인간에게 필요한 서비스가 무엇인지를 판단하기 위한 보다 인간적인 컴퓨터를 위해서 인간의 상식이나 실세계의 정보의 입력과 관리가 필요하다. 또한 이러한 센서나, 디스플레이, 정보 저장 장치 등이 서로 연결될 수 있는 통신 기술이 필요하다. 기존의 인터넷 등을 활용할 수 있으며 좁은 영역의 장치들이 기반망의 구성없이 네트워킹 할 수 있어야 이들 장치들이 서로 필요한 정보를 공유하여 적절한 서비스를 제공할 수 있다.

IDEA_01

# Digital pet

OQO Ultra Portable PC Model 01

## Metaphor

혼자가 아니라는 안정감과 관계의 형성을 통해 자아정체감을 느낀다.

## Service

게임기 액정 속에 갇혀있는 가상의 애완동물이 이제는 실제 거리의 벽과 바닥에 투영되어 주인을 가이드해 준다.

## Meaning

집에 돌아온 나를 반겨주는 우리집 애완동물.
내가 어딜가면 졸졸 쫓아오고 곁을 지켜주는 친구다.

Follow me~!

IDEA_02

# Screen wall

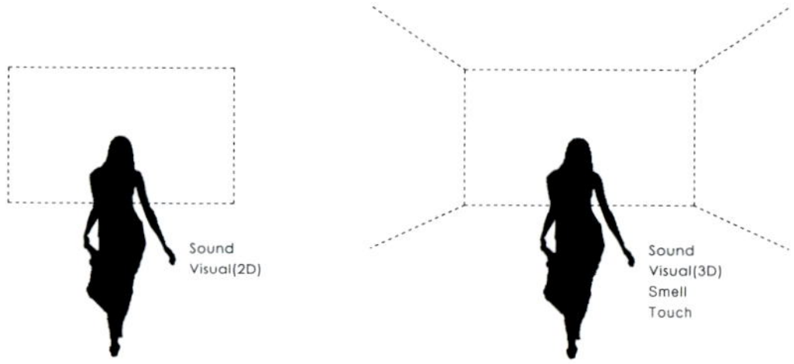


## Metaphor

한정된 공간의 영역(boundary) 확장.

## Service

비좁은 공간에서 다방면의 프로젝터을 통한 디스플레이는 실제공간의 Edge를 모호하게 만들고 내가 원하는 장소, 공간을 연출할 수 있다.

## Meaning

실내공간에서 보이는 외부 모습은 매우 제한적이다. 공간을 구성하는 면들은 실제의 모습과 오버랩되면서 영역의 확장감을 가져온다.

# Ubiquitous_ bath tub

## Metaphor

나의 몸의 감각적 경험을 통한 시각화(imagination)

## Service

목욕에 적당한 온도가 되면 색상으로 알 수 있다.
욕조에 들어가면 꽃봉오리가 나타나고 시간이 지남에 따라 꽃이 피고, 꽃이 만개하면 욕조에서 나온다.

## Meaning

자신을 가꾸기 위한 공간인 욕조 속에서 수많은 상상력을 발생시킴으로서 자신만의 꿈을 만끽할 수 있는 공간을 구성한다.

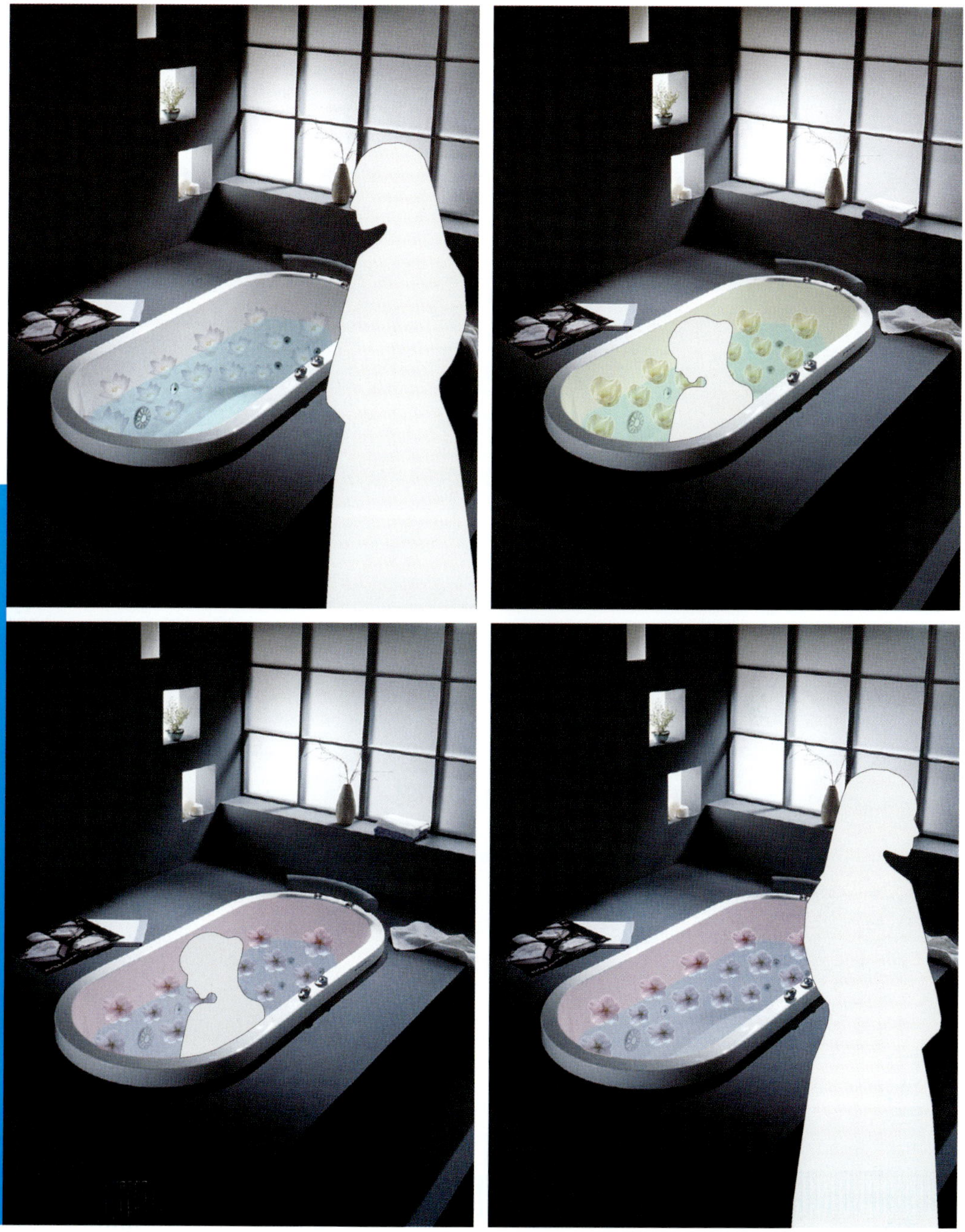

# Motion diagram

## 표현의 확장

프로그램(program)과 다이어그램(diagram)의 사전적 의미를 살펴보면 프로그램은 '따라야 할 순서를 정해놓은 개요', 즉 어떤 목적을 향한 계획을 말하는 것이고 다이어그램은 '재현보다는 설명을 위한 시각적 디자인' 또는 '배열의 관계를 보여주는 그림' 이다. 다시 말해, 프로그램과 다이어그램의 가장 큰 차이점은 '관계성' 이다.[16)]

현대도시의 다층적이고 복합적인 라이프스타일로 인해, 고정된 단일한 기능을 가졌던 프로그램은 해체되고 세분화되었고, 단순한 관계성을 표현하던 다이어그램은 고정된 공간간의 관계가 아닌 행위와 활동을 하는 사람을 중심으로 표현되었다.

기존의 다이어그램이 이성적인 분석에 의한 결과물이었다면, 현대에 와서는 컴퓨터가 디자인에서 가장 핵심적인 역할을 하면서, 행위가 일어난 과정뿐만 아니라, 인간 행위의 유연성과 상호작용까지 표현할 수 있게 되었다. 즉, 기존의 다이어그램은 '의식' 만이 표현되었다면, 기술의 진보로 이제는 '무의식' 을 표현할 수 있게 되었다. 이를 바탕으로 인간의 움직임은 단순한 행위에서 머무는 것이 아니라 형상이 되었고, 인간 감성의 자극은 사람들을 매료하고 끌어들이는 수단이 되었다.

16) 봉일범, 「프로그램 다이어그램」, 시공문화사, 2005.

현대사회에서 인간 행위와 건축에 대해서 살펴보면 인간의 움직임이 바로 건축 행위이자 형상이고, 인간의 활동 반경이나 동선 또한 건축행위이자 형상이다. 그렇다면 인간 움직임 자체가 다이어그램이 되어 디자인에 반영된 예는 어떤 게 있을까?

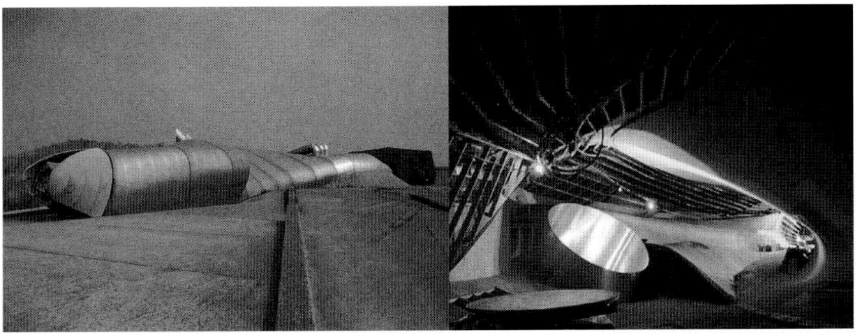

[그림_13] Fresh $H_2O$ Expo (Water Pavilion)

Fresh $H_2O$ Expo(Water Pavilion)관은 1997년 네덜란드의 Lars Spuybroek이라는 건축가에 의해 세워졌다. 여기에는 65m 이상의 길이에 14개의 타원들의 유체 변형으로 형상화되어 있으며 수평층도 없고, 외부와 수평하게 연결되지도 않은 이 건물 내부에서 '걷는다는 것' 은 '떨어진다는 것' 과 유사하다. 객체의 변형은 인간 육체의 이러한 행위에 대해 일정한 재형상화를 기록하는 다양한 센서들에 의해 파빌리온에서 방문자들에게 대화식으로 반응하는 환경의 변형으로 확장된다. 이곳은 수평과 수직의 구별도, 바닥, 벽, 천정의 구별도 없으며 건물과 전시는 섞여 있다.

기존의 건축은 먼저 디자인이 되고 이후에 기능을 부여되는 방식이었기 때문에 유연성과 지속성이 부족한 것이라고 볼 수 있다. 이처럼 환경이 인간 움직임을 바탕으로 형성이 된다면, 사람들은 끊임없이 공간과 상호작용하면서 자신의 영역을 확장하게 되고, 이는 다시 환경에 반영되어 환경 또한 확장되는 것이다.

다음의 예는 인간의 행위로 인해 만들어지는 소리를 바탕으로 다이어그램을 형성하여 디자인에 적용시킨 사례이다.

[그림_14] Bodily Movement(Son-O-House), 「Digital Diagram」 中.

Nox에서는 컴퓨터를 이용하여 사람의 움직임을 분석하여, 인간의 청각을 자극하는 '소리'와 연결시켜 Son-O-House를 계획하게 되었다. Son-O-House는 네덜란드 Eindhoven의 공원에 설치되었다. 23개의 센서를 이용하여 방문자들의 움직임과 위치의 패턴을 감지하고 분석하여, 20개의 스피커를 통해 소리의 흐름을 만든다.

[그림_15] Son-O-House, Eindhoven, The Netherlands, NOX, 2004.

사람들은 Son-O-House에 가면 소리를 음악처럼 느끼게 되는데, 이는 움직임이 직접적으로 음악으로 변형시키는 것이 방식이 아니라, 감지와 분석을 바탕으로 소리의 흐름을 만드는 작곡 방식이기 때문이다.

이처럼 인간의 행위를 바탕으로 다이어그램이 만들어지고 다이어그램이 단순한 그림이나 도표에만 한정되는 것이 아니라 물리적인 형상으로 나타나는 유비쿼터스 환경이 된다면 사람들은 공간과 상호 작용하면서 자신의 영역을 확장할 수 있고, 공간은 고정적인 기능만을 가지는 것이 아니라 변형되고 더욱 확장될 수 있는 것이다.

IDEA_01

# Road with rain

## Metaphor

물의 움직임을 바탕으로 단순한 도시의 길이 아닌 리듬을 느낄 수 있는 길을 제공함으로써 회색빛 도시에서 즐거움을 느낄 수 있게 해준다.

## Service

보행시 가해지는 압력으로 에너지를 생산하여 보행자 영역(길)에 감성적 이미지를 나타낸다.

## Meaning

특히 비 오는 날, 빗방울이 떨어지면 꽃망울이 퍼지는 등의 감성적 의미(meaning)을 준다.

# Concrete that loves rain

### Metaphor
물에 반응하는 콘크리트는 대비(contrast)적인 요소로, 사람이 샤워를 하면 자신의 존재감을 느낄 수 있게 해준다.

### Service
샤워를 하면 물이 닿아서 샤워부스의 바닥 재질에 패턴이 생긴다.

### Meaning
샤워하는 물의 온도에 따라 변하는 패턴의 무늬가 바뀌어 감성을 자극하게 된다.

Solid Poetry, the graduate project of Susanne Happle and Frederik Molenschot of The Netherlands' Design Academy)

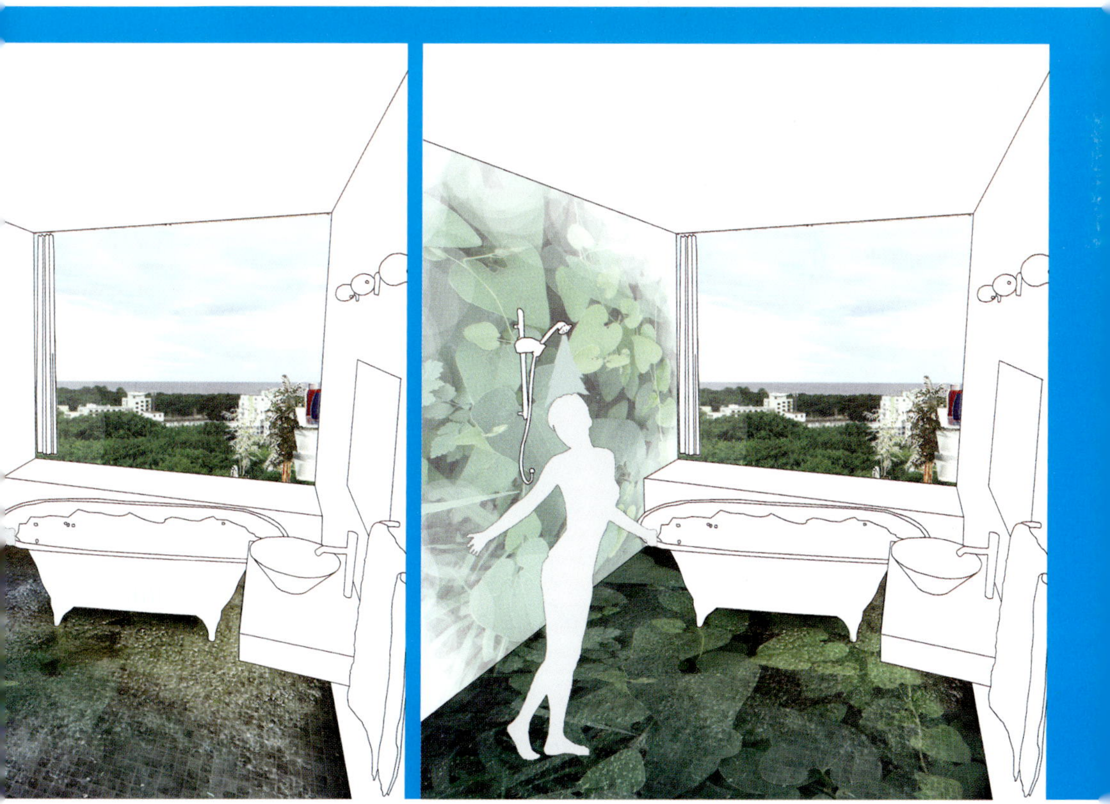

# Interactive sound wall

## (Wind speed sensing)

### Metaphor

바람세기에 따라 발생하는 소리는 닫힌 공간 내에서 청각적으로 자연을 느끼는 동시에 촉각적으로 느낀다는 상상을 한다.

### Service

집안 어딘가에 장착된 센서를 통해 울리는 자연의 소리로 인해 답답한 콘크리트 박스 안에서  자연의 숨결이 느껴진다.

### Meaning

너무나 많은 인공소리에 지쳐있는 내게 집안에서 울려 퍼지는 자연의 소리는 행복감을 가져다준다.

IDEA_04

# Whisper to me

## Metaphor

나에게만 음악을 들려주고 나의 이야기를 들어준다는 느낌을 갖게 됨으로써 공감을 하게 되고, 자아의 영역이 확장된다.

## Service

Positioning Speaker를 이용한 영역별 소리를 구분하여 제공한다.

## Meaning

사람들의 사적인 커뮤니케이션을 돕는다. 물리적 공공의 영역에서 개인의 영역이 생성된다.

A little bit of pain I'm telling you, my
It's all in the game of love

나만의 영역이 생긴다.
A little bit of pain I'm telling you, my
It's all in the game of love

IDEA_05

# Emotional light

## Metaphor

날이 어두워지면 광섬유에서 빛이 밝혀지고 바람에 따라 흔들리면서 다양한 색과 움직임으로 음악을 연주하듯 멜로디가 느껴진다.

## Service

낮에 보았던 갈대는 어둠 속으로 사라지고 갈대 사이 사이에 숨어있던 광섬유에서 은은한 빛이 올라오면서 새로운 갈대숲을 제공해 준다.

## Meaning

자연에서 그 모양을 따고 빛이라는 요소를 더해서 감성적인 접근이 가능하도록 한다.

# Bodyscape

## 몸으로 체득하는 경험

[그림_16] The Podium Light Wall

인간과 건축이 서로 교감을 할 수 있다면?

인간이 필요로 하는 것을 건물이 인지하고 그 필요한 데이터를 분석하여 스스로 변형할 수 있다면?

이러한 생각은 건축과 공간에 대한 관심을 가지고 고민해본 사람이라면 공통적으로 가지고 있는 생각일 것이다. 우리가 꿈꾸는 공간과 몸의 교감, 메타포를 통한 공간의 다층적 의미 효과는 이제 유비쿼터스 기술의 발전을 통해 점차 가능해졌고 새로운 공간 디자인에서 이루어야 할 목표이다.

유비쿼터스 기술을 이용한 건축들은 이제 정적인 이미지가 아니라, 스스로 업데이트하고 데이터베이스에서 데이터를 받아들여 다이내믹한 건축으로 변화하고 있다. 예를 들면 Marek Walczak

의 'The Podium Light Wall(2006)' 은 보행자들이 건물 주위를 거닐 때 그 움직임을 포착하여 1~7층 높이의 입면에 푸른 불빛을 비춰주는 간단한 시스템을 가지고 있다. 보행자들은 자신들을 따라오는 불빛을 보면서 나에 의해 반응하는 도시 공간을 경험 할 수 있으며, 이는 고정적인 도시 공간이라는 기존의 기억을 뒤흔들며 새롭게 다가올 것이다. 이 작은 반응은 나에게 도시라는 거대한 공간도 나의 몸과 함께 숨 쉬며 움직이고 있다는, 단순한 생각이지만 사람들이 쉽게 인지하지 못하는 부분을 상기시켜 줄 수 있다.

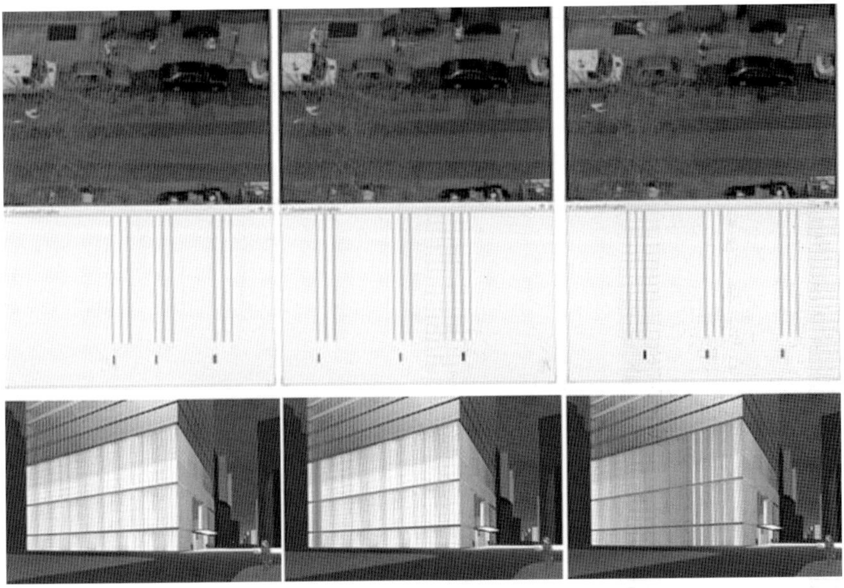

[그림_17] The Podium Light Wall

또한 이 디자이너는 도시에서 이러한 몸의 움직임에 따라 변화하는 경관 이미지를 제안하였다. 이것이 바로 'Dey Street Tunnel' 라는 것으로, SOM이 설계한 뉴욕의 '7 World Trade Center' 와 지하철역을 연결하는 보행자 통로에 위치하며, 흩뿌려짐(cloud), 띠(bands), 주름(wrinkle)과 같은 3가지 컨셉으로 보행자의

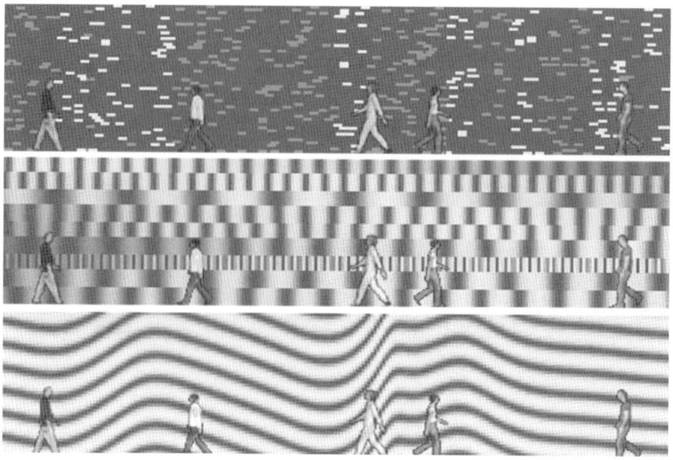

[그림_18] 계속적으로 변화하는 입면

속도나 통행량, 통행방향에 따라 벽이 반응하게 된다.

이는 앞의 사례와 같은 반응을 보여주지만, 지하 공간에 위치하기 때문에 LED 조명만으로 공간을 조성하고 있다는 차이가 있다. 이 아이디어는 일방적이고 규정에 의해 일정한 조도의 조명을 사용한 기존의 지하 공간에 나의 움직임과 나를 포함한 무리에 의한 조명이라는 간단한 접근에서 출발하였다. 이는 정해진 프로그램에 의한 것이 아닌 그때 그때의 상황에 따라 정확하게 반응하는 것이 마치 자연의 빛과 닮은 시스템으로 움직인다고 할 수 있겠다. 이러한 도시 공간을 통한 메타포는 나의 손짓 몸짓 하나에서 출발한 몸으로 체득하는 경험의 한 모습이라 할 수 있다.

즉, 몸으로 체득하는 경험(bodyscape)이란, 우리가 느끼지 못하는 기존의 건축과 확연하게 차이를 두고 그저 우리가 관조하는 건축 그리고 도시가 아닌, 몸을 통한 우리의 참여가 무엇보다 요구되는 환경이라 하겠다. 또한 그것을 불러일으키는 요소들을 가능하게 하기 위해서는 유비쿼터스 기술이라는 큰 조력자가 필수적인 것이다.

[그림_19] Dey Street Tunnel

IDEA_01

# Interactive soundproofing wall

## Metaphor

벽은 단순히 물리적인 경계로써의 역할 만이 아닌 지속적인 변화와 자극으로 즐거움을 준다.

## Service

자동차가 방음벽을 지나게 되면, 속도와 움직임에 따라 화면이 변한다. 광고, 비디오 아트와 같은 시각적인 엔터테인먼트를 제공하여 밀리는 출근길도 즐겁게 해준다.

## Meaning

기존의 방음벽을 활용하여 더 적극적인 정보를 제공하여 실시간 상황에 반응할 수 있는 벽을 만들어 낸다.

GO

STOP
STOP
STOP

IDEA_02

# Four seasons façade

## Metaphor

건물 파사드의 이미지를 받아들임으로써 과거의 기억을 회상하고 도심 속을 걸으면서도 마치 자연 속에 있는 듯한 회상에 잠긴다.

## Service

계절별 · 시간대별에 따른 건물 입면의 변화.
(Interactive building skin)

## Meaning

도시는 숨 쉬고 싶다. 도시를 채우는 덩어리들은 계절에 따라서 시간에 따라서 감성적인 스킨으로 변화한다.

IDEA_03

# Motion sensor fence

## Metaphor

나의 흔적을 나타내는 담장을 따라 걷다보면 자연스럽게 리듬감이 생기고 경쾌한 기분으로 박자를 맞춘다.

## Service

사람이 지나감에 따라 담장의 센서가 작동하면서 조명에 불이 켜진다. (사람이 없을 시에는 절전모드가 된다.)

## Meaning

산책을 하고 집으로 들어가는 길. 담장의 꽃들이 다가감에 따라 하나씩 피어난다. 날 반겨주듯 봉우리를 터뜨리는 꽃망울이 나의 마음을 즐겁게 물들인다.

당신이 있어
좋습니다.

# Entrance walk way

## Metaphor

어린 시절 시냇가의 징검다리를 걷는 듯한 기억은 소설 소나기의 한 장면을 떠오르게 한다.

## Service

- 집 입구에서 현관까지 이어지는 돌길을 걸으면, 돌에 부착된 센서에서 사람을 감지하여 빛이 나고, 저마다 다른 음정을 가지고 현관에 다가갈수록 높은 음을 낸다.
- 집안 내부에 있는 사람은 음정을 통해 외부의 사람이 현관으로 다가오는 것을 알게 된다.

## Meaning

징검다리를 건너며 리듬을 느꼈던 기억

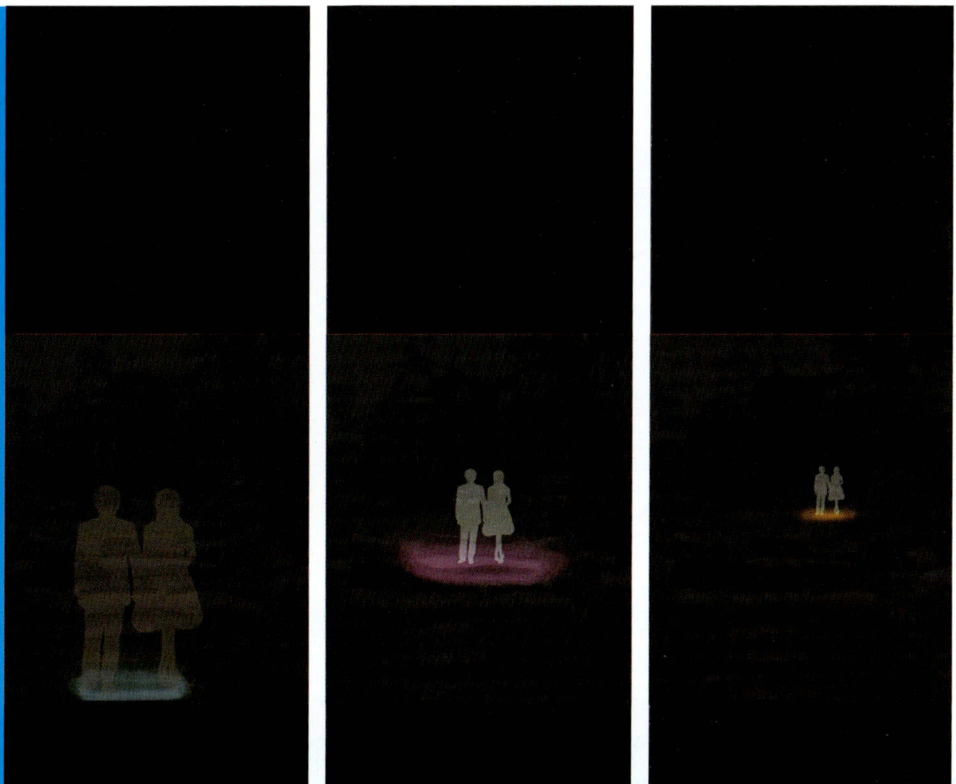

# Lighting bench

 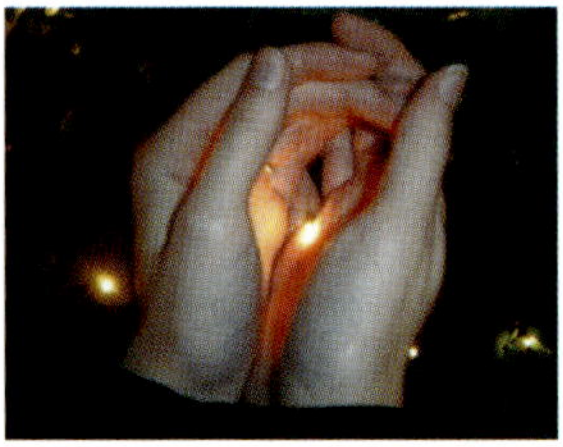

## Metaphor

저 먼 곳 불빛이 사라지고 생겨남에 따라 어렸을 적 반딧불과 함께했던 추억(memory) 속에 잠긴다.

## Service

의자 밑 센서를 통해 사람이 앉으면 바닥으로 은은하게 빛이 비추어진다.
사람의 행동에 따라 곳곳의 풍경이 달라 질 수 있다.
야간의 치안으로부터 두려움을 해소한다.

## Meaning

한 여름 밤에 반딧불처럼 여기저기 빛을 발한다.

IDEA_06

# Intelligence lighting

## Metaphor

나만을 비춰주는 조명, 특별한 사람들이나 받아야 할 것 같은 주목이 나에게도 일어나며 새로운 경험을 제공해 준다.

## Service

사람을 감지하여 그 위치에 따라 조도의 강약이 조절된다.
사무공간 내의 최적환경을 제공하며 에너지 절약 측면도 고려된다.

## Meaning

자신의 위치에 따른 조도의 변화로  자신이 주목 받고 있다는 느낌을 받을 수 있다.

# B · I · B · L · I · O · G · R · A · P · H · Y

참 / 고 / 문 / 헌


## PROLOGUE

▶ 다양성, 다원화의 사회; Modernity

_ Anthony Giddens, 「Modernity and Self-identity: Self and Society in the Late Modern Age」, Stanford University Press, 1991.

▶ 메타포와 경험; Metaphor & experience

_ 길성호, "현대 건축가의 신체 담론에 나타난 공간성 비교 연구", 대한 건축학회 논문, 2004.4.

_ 권영걸, 「공간 디자인 16강」, 국제, 2001.

_ 박희령, "유기체론과 감각론 적용을 통한 유비쿼터스 공간 디자인 연구", 홍대 박론, 2006.12.

▶ 예술, 과학, 공학; Art, science, engineering

_ Jonah Lehrer, 「Proust Was a Neuroscientist」, Houghton Mifflin, 2007.

## PART-1 _ OBSERVATION

▶ 환경에 반응하는 몸; Body_environment

_ David C. Gross, 'Affordances in the Design of Virtual Environments, The first young investigator's forum in virtual reality', 2001.

_ 김주미, '폴드공간의 인지생태론적 특성과 그 효과', 한국실내디자인학회논문집 제14권 3호, 2005.

_ Hillel J. Chiel & Randall D. Beer, The Brain has a Body: Adaptive Behavior Emerges from Interactions of Nervous System, Body, and Environment, Trends Neurosciences Vol. 20, No. 12, (Elsevier Science Ltd.,1997).

▶ 마음과 몸의 상호성; Body_mind

_ 이거룡, 「몸 또는 욕망의 사다리」, 한길사, 1999.

_ 조광제, 「몸의 세계, 세계의 몸(메를로-퐁티의〈지각의 형상학〉에 대한 강해)」, 이학사, 2004.

_ Anthony Giddens, 「Modernity and Self-identity: Self and Society in the Late Modern Age」, Stanford University Press, 1991.

_ 김민수, 「21세기 디자인 문화 탐사」, 솔, 1997.

▶ 감각체로써의 몸; Body_sensation

_ 이거룡, 「몸 또는 욕망의 사다리」, 한길사, 1999.

_ Douwe Draaisma , Paul Vincent(Translator) 「Metaphors of Memory: A History of Ideas about the Mind」, Cambridge University Press, 2001.

_ Marshall McLuhan, 「Understanding media」, The MIT Press, 1994.

_ Douwe Draaisma , Paul Vincent(Translator) 「Metaphors of Memory: A History of Ideas about the Mind」, Cambridge University Press, 2001.

_ 나카무라 유지로 저, 고동호 역,「공통 감각론」,민음사, 2003.

_ 아게마츠 유유지 저 이두열 역, 「건축공간의 미학」, 현대건축사, 2000.

_ Gilles Deleuze, 「Logique Du Sens」, Editions de Minuit, 1982.

_ Gilles Deleuze, 「Qu'est-ce que la philosophie?」, Editions de Minuit, 1991.

▶ 체험되어지는 몸; Embodiment_lived body

_ 길성호, 「수용미학과 현대건축」, 시공문화사, 2003.

## PART-2 _ INTERPRETATION

▶ 스키마와 스키마타; Schema & schemata

_ 김민수, 「21세기 디자인 문화 탐사」, 솔, 1997.

▶ 공감; Sympathy

_ 남경태, 「개념어 사전」, 들녘, 2007.

▶ 감정이입; Empathy

_ 「감정이입을 호소하는 표현주의 예술」, 미술세계 1984, 12월호(통권 3호).

_ 편집부,「미학사전」, 논장 ,1988.

_ 김주완,「예술의 형식과 내용」, 새한철학회, 2005.

▶ 창의성을 유발하는 모호함; Ambiguity & creativity

_ Virginia Woolf, 「Collected Essays」, Hogarth Press, 1966~1967.

## PART-3 _ REFLECTION

▶ 다층적 의미; Multi-layerd meaning

_ Christopher Alexander, 「Notes on the Synthesis of Form」, Harverd University press, 1977.

_ Rudolf Arnheim, 「Art and Visual Perception: A Psychology of the Creative Eye」, Univ of California P, 1974.

_ S. Giedion, 「Space, Time and Architecture」, Harvard University Press, 1967.

_ Gijs van Hensbergen , 「Gaudi : A Biography 」, Harper Perennial, 2003.

_ 김대년, "카사 바트요의 조형적 특성과 가우디의 건축적 사고 연구", 한국주거학회논문집 제 15권 5호, 2004-10.

_ 문수일 역, 「알토와 핀란드(북의 풍토와 근대 건축)」, 공간출판사, 1993.

_ 오혜선,"'몸'의 관점으로 본 현대 건축의 표현 양상 연구", 국민대학교 대학원 건축학과, 2003.

_ Peter Eisenman,「Architecture and The Problem of The Rhetorical Figure」,Theorizing a New Agenda for Architectural Press, 2001.

_ Germano Celant, Mason Andrews,「Frank Gehry-Buildings and Projects」,Rizzoli, 1985.

_ Peter Zumthor, 「Thinking Architecture」, Work within Things, 1998.

_ Steven Holl, 「Pre-theoretical Ground: Steven Holl」, Birkhauser, 1993.

_ Steven Holl, 「Interwining」, 1996.

▶ 균형; Balance

_ David Watkin, 「A History of Western Architecture(4th Ed.)」, Watson-Guptill, 2005.

_ 박희령, 김 억, "감각적 공간 체험에 따른 촉각적 공간 구현에 관한 연구", 대한건축학회논문집, 22권 6호, 통권 212호, 2006.6.

_ 문철수, 조창한, "전통불사 진입공간의 리듬체계에 관한 고찰", 대한건축학회 논문집, 9권 1호, 통권 82호, 1989.4.

_ 월간미술, 「세계미술용어사전」, 중앙일보사, 1995.

_ Francis D. K. Ching, 황연숙 역, 「건축의 형태 공간, 규범」, 국제, 2005.

_ Kazuyo Sejima & Ryue Nishizawa, 「Conversation with Alejandro Zaera」, El Croquis No.99, 1995-2000.

## PART-4 _ APPLICATION

### ▶ 살아있는 공간; Ubiquitous_smart space

_ 김한중, 「유비쿼터스에 대한 고찰」, 정보디자인학연구 제7집, 2004.

_ 최경아, "유비쿼터스 도시(U-City)구축을 위한 연구", 대한경영학회지, 제18권 제1호, 2005.2.

_ 김용성, "유비쿼터스 컴퓨팅: 대량 맞춤화의 시대", 대한건축학회, 2005.

_ 우윤석, "우리나라 유비쿼터스 주택의 현황과 정책방향에 대한 탐색적 연구",주택연구(제13권 제2호), 2005.

### ▶ 소통하는 공간; Communication_interactive space

_ 이정모, 「인지심리학(형성사, 개념적기초, 조망)」, 아카넷, 2001.

_ 조택연, "유비쿼터스 환경에서 구현 가능한 지능공간 주거", 대한건축학회, 2005. 03.

_ 이정우, 「주름, 갈래, 울림」, 거름 출판사, 2001.

_ Norberg-Schulz, C., 「The Concept of Dwelling」, New York, Rizzoli International Inc, 1985.

### ▶ 형태의 자유; No formation

_ 이민경, 우운택 "증강현실 기술 연구 동향 및 전망", 정보처리학회지, 제 11권 1호, 2004.

### ▶ 표현의 확장; Motion diagram

_ 봉일범, 「프로그램 다이어그램」, 시공문화사, 2005.

**김 억** Kim, Uk

서울대학교 건축공학과를 졸업한 뒤 미국 오하이오 주립대학에서 건축학 석사, 미시간 건축대학에서 박사학위를 취득하였다.
U-city 인프라 개발 및 미래 도시 계획을 중심으로 활발한 연구와 프로젝트를 다수 진행하고 있다.

2005년 설립된 「홍익대학교 창의적 도시의 U-경관 디자인센터」 단장으로서 미래전략산업 유비쿼터스 분야에서 기술개발과 사업화가 동시에 진행이 가능하도록 하는 연구를 진행하고 있으며 건설교통부, 대한건축학회 등에서 자문위원으로 활동하였다.
현재 홍익대학교 건축대학 학장으로 재직중이다.

**주요저서**

- 건축설계전산론 / 기문당
- 건축과 CAD / 동서문화원
- ARCHICAD / 예문사
- A GUIDE BOOK FOR DIGITAL URBAN ARCHITECTURE DESIGN / 시공문화사

**박희령** Park, HeeRyoung

독일 칼스루헤 공과대학교에서 건축설계로 학사, 석사 취득
홍익대학교 일반대학원에서 '유기체론과 감각론 적용을 통한 유비쿼터스 디자인 연구'로
박사학위를 취득하였다.
건축가협회(SAKIA) 상임위원이며
Architecture studio 'Beyond the Void'를 통해 건축디자이너로 활동
현재 국민대학교 테크노디자인 전문대학원 스페이스디자인학과 교수로 재직중이다.

**이지현** Lee Ji Hyun

홍익대학교 일반대학원 건축학과 박사과정